热菜制作

主　编　许　磊　董芝杰

副主编　胡建国　黄继伟　黎正开　贡湘磊

参　编　曾兴林　王　瑶　赵莹莹　罗树峰

张子桐　赖伟周　刘　湘　王虹懿

姚恒喆　韩　婷　高　飞　艾泽明

冷　冬　吴奕强

北京理工大学出版社

BEIJING INSTITUTE OF TECHNOLOGY PRESS

内容提要

本书依据高职烹饪工艺与营养专业教学的规范，对照中式烹调岗位技术人才能力要求，以中式菜肴烹调技术能力培养为核心，以中式烹调理论知识和具体实训工作任务为依托，注重动手能力与应用能力的培养，主要包括课程导入、川菜风味热菜制作、山东风味热菜制作、广东风味热菜制作、淮扬风味热菜制作五个部分。

本书以实践教学内容为主，以图文并茂的形式介绍菜的制作过程。本书文字通俗易懂，适合餐饮类专业学生使用，也可作为烹饪爱好者的参考书。

图书在版编目（CIP）数据

热菜制作 / 许磊，董芝杰主编 . -- 北京 ：北京理工大学出版社，2024.4

ISBN 978-7-5763-3869-0

Ⅰ . ①热… Ⅱ . ①许… ②董… Ⅲ . ①中式菜肴－烹饪 Ⅳ . ① TS972.117

中国国家版本馆 CIP 数据核字（2024）第 084345 号

责任编辑：曾　仙　　**文案编辑**：曾　仙
责任校对：刘亚男　　**责任印制**：王美丽

出版发行 / 北京理工大学出版社有限责任公司
社　　址 / 北京市丰台区四合庄路 6 号
邮　　编 / 100070
电　　话 / (010) 68914026（教材售后服务热线）
(010) 63726648（课件资源服务热线）
网　　址 / http：//www.bitpress.com.cn

版 印 次 / 2024 年 4 月第 1 版第 1 次印刷
印　　刷 / 河北鑫彩博图印刷有限公司
开　　本 / 889 mm × 1194 mm　1/16
印　　张 / 10.5
字　　数 / 244 千字
定　　价 / 72.00 元

前言

党的二十大报告指出："深入实施人才强国战略"，"努力培养造就更多大师、战略科学家、一流科技领军人才和创新团队、青年科技人才、卓越工程师、大国工匠、高技能人才"，"推进健康中国建设"，"深入开展健康中国行动和爱国卫生运动，倡导文明健康生活方式"。

为了全面、准确地在教材中落实党的二十大精神，充分发挥教材的铸魂育人功能，为培养德智体美劳全面发展的社会主义建设者和接班人奠定坚实基础，本书践行"三全育人"的理念，落实立德树人根本任务，守正创新，强化素养，将为党育人、为国育才的思想贯穿技术技能人才培养全过程。

本书认真贯彻党的二十大精神，以落实立德树人根本任务为宗旨，注重素养培养，充分体现产教融合理念，紧密结合餐饮行业需求，对照中式烹调岗位技术人才能力要求，以中式菜肴烹调技术能力培养为核心，以中式烹调理论知识和具体实训工作任务为依托，旨在引导学生通过学习本课程，能够系统了解烹调工艺基础理论知识，熟练掌握热菜实操技能，具备中式烹调师岗位基本操作能力。

本书根据高职烹饪工艺与营养专业教学的规范和要求，同时结合学生实际学习情况加以合理编排，以厨房工作真实任务为载体，采用工作手册形式，设置视频预习、知识准备、任务实施工单、大赛作品赏析等环节，充分体现项目化、任务化的特点。

本书遵循高职学生的理论知识以适度、必需、够用为原则，重视课程内容与职业标准对接，与岗位需求吻合，体现继承与创新相结合。本书主体内容以四大风味流派划分项目，精选各大风味流派中的代表菜品，辅以中式烹调师国家职业技能标准、岗位职责、作业流程、礼仪规范和技能大赛参赛作品展示，充分体现"岗课赛证"融通的理念，重点突出基本知识和基本技能，充分融入烹调工艺发展的最新成果，为学生将来走上工作岗位奠定扎实的知识基础。

本书由江苏旅游职业学院许磊、董芝杰担任主编；济南大学胡建国，四川旅游学院黄继伟，广州市轻工技师学院黎正开，江苏旅游职业学院贡湘磊担任副主编；江苏旅游职业学院曾兴林、王瑶、赵莹莹、罗树峰，深圳市第二职业技术学校张子桐，揭阳技师学院赖伟周，四川商务职业学院刘湘，山东城市服务职业学院王虹懿，青岛酒店管理职业技术学院姚恒喆，儋州市中等职业技术学校韩婷，扬州会议中心酒店高飞，济南良友富临大酒店艾泽明，成都拔萃花园餐厅冷冬，揭阳迎宾馆有限公司吴奕强参与编写。

本书在编写过程中，参考了相关文献，得到了诸多餐饮企业行业大师的大力支持和技术指导，在此一并表示感谢。

由于编者水平有限，书中难免有不足之处，敬请读者批评指正。

编　者

目 录

课程导入

课程导入

课程导入彩图

项目导读

在世界三大菜系中，无论是菜肴的烹饪技法，还是菜肴种类及菜肴的色、香、味、形、意、养等方面，中餐都远远走在世界前列。伟大的民主革命先行者孙中山先生在《建国方略》中曾说过："我中国近代文明进化，事事皆落人之后，惟饮食一道之进步，至今尚为文明各国所不及。"

在历史长河中，中国的烹饪经过数千年的发展，根据不同地域、不同民族的风俗习惯，呈现出花样纷呈、菜系繁多、技艺精湛、做工考究、雅俗共赏的格局。

0.1　领会中式烹调师国家职业技能标准

知识准备

国家职业技能标准是对各种职业技能进行统一规范和评定的标准，国家职业技能标准涵盖了各行各业的技能要求，对于提升职业素养和实际工作能力具有重要意义。其中，《中式烹调师国家职业技能标准》是对中式烹饪技能水平的要求和评定标准，对于培养和评价中式烹饪师资格具有重要意义。

任务实施

一、烹调师职业概况

1. 职业名称

中式烹调师。

2. 职业定义

运用煎、炒、烹、炸、熘、爆、煸、蒸、烧、煮等多种烹调技法，根据成菜要求对烹饪原料、辅料、调味料进行加工，制作中式菜肴的人员。

3. 职业等级

本职业共设五个等级，分别为初级（国家职业资格五级）、中级（国家职业资格四级）、高级（国家职业资格三级）、技师（国家职业资格二级）、高级技师（国家职业资格一级）。

4. 职业环境

室内、常温。

5. 职业能力特征

手指、手臂灵活，色、味、嗅等感官灵敏，形体感强。

6. 基本文化程度

初中毕业。

7. 培训要求

（1）培训期限。全日制职业学校教育，根据其培养目标和教学计划确定。晋级培训期限：初级不少于 400 标准学时；中级不少于 350 标准学时；高级不少于 250 标准学时；技师不少于 150 标准学时；高级技师不少于 100 标准学时。

（2）培训教师。培训初级、中级人员的教师必须具备本职业高级以上职业资格；培训高级人员、技师的教师必须具备相关专业讲师以上专业技术资格或本职业高级技师职业资格；培训高级技师的教师必须具备相关专业高级讲师（副教授）以上专业技术资格或其他相关职业资格。

（3）培训场地设备。满足教学需要的标准教室。操作间设备、设施齐全，布局合理，燃料、冷藏、冷冻等设备符合国家安全、卫生标准。

8. 要求

（1）适用对象。从事或准备从事本职业的人员。

（2）申报条件。

1）初级（具备以下条件之一者）：

①经本职业初级正规培训达规定标准学时数，且取得毕（结）业证书。

②在本职业连续见习工作 2 年以上。

③本职业学徒期满。

2）中级（具备以下条件之一者）：

①取得本职业初级职业资格证书后，连续从事本职业工作 3 年以上，经本职业中级正规培训达规定标准学时数，且取得毕（结）业证书。

②取得本职业初级职业资格证书后，连续从事本职业工作 5 年以上。

③取得经劳动和社会保障行政部门审核认定的，以中级技能为培养目标的中等以上职业学校本职业毕业证书。

3）高级（具备以下条件之一者）：

①取得本职业中级职业资格证书后，连续从事本职业工作 4 年以上，经本职业高级正规培训达规定标准学时数，并取得毕（结）业证书。

②取得本职业中级职业资格证书后，连续从事本职业工作 7 年以上。

③取得本职业中级职业资格证书的大专以上毕业生，连续从事本职业工作 2 年以上。

④取得高级技工学校或经劳动和社会保障行政部门审核认定的，以高级技能为培养目标的职业学校本职业毕业证书。

4）技师（具备以下条件之一者）：

①取得本职业高级职业资格证书后，连续从事本职业工作 5 年以上，经本职业技师正规培训达规定标准学时数，并取得毕（结）业证书。

②取得本职业高级职业资格证书后，连续从事本职业工作 8 年以上。

③取得本职业高级职业资格证书的高级技工学校毕业生，连续从事本职业工作满 2 年。

5）高级技师（具备以下条件之一者）：

①取得本职业技师职业资格证书后，连续从事本职业工作 3 年以上，经本职业高级技师正规职业培训达规定标准学时数，并取得毕（结）业证书。

②取得本职业技师职业资格证书后，连续从事本职业工作 5 年以上。

（3）鉴定方式。分为理论知识考试（笔试）和技能操作考核。理论知识考试采用笔试方式，满分为 100 分，60 分及以上为合格。理论知识考试合格者参加技能操作考核。技能操作考核采用现场实际操作方式进行，技能操作考核分项打分，满分 100 分，60 分及以上为合格。技师、高级技师考核还须进行综合评审。

（4）考评人员与考生配比。理论知识考试每个标准考场每 30 名考生配备 2 名监考人员；技能操作考核每 5 名考生配备 1 名监考人员；成品鉴定配备 3 ～ 5 名考评人员进行菜品鉴定、打分。

（5）鉴定时间。理论知识考试为 90 min。技能操作考核初级为 90 min，中级、高级为 150 min，技师、高级技师为 180 min。

（6）鉴定场所设备。理论知识考试在标准教室里进行。技能操作考核场所要求炊具、灶具齐全，卫生、安全符合国家规定标准。烹调及面点制作操作间符合鉴定要求。

图 0-1 所示为中式烹调师职业资格证书。

图 0-1　职业资格证书

二、基本要求

1. 职业道德

（1）职业道德基本知识。

（2）职业守则忠于职守，爱岗敬业；讲究质量，注重信誉；尊师爱徒，团结协作；积极进取，开拓创新；遵纪守法，讲究公德。

2. 基础知识

（1）饮食卫生知识。包括：食品污染；食物中毒；各类烹饪原料的卫生；烹饪工艺卫生；饮食卫生要求；食品卫生法规及卫生管理制度。

（2）饮食营养知识。包括：人体必需的营养素和热能；各类烹饪原料的营养；营养平衡和科学膳食；中国宝塔形食物结构。

（3）饮食成本核算知识。包括：饮食业的成本概念；出材率的基本知识；净料成本的计算；成品成本的计算。

（4）安全生产知识。包括：厨房安全操作知识；安全用电知识；防火防爆安全知识；手动工具与机械设备的安全使用知识。

三、工作要求

本标准对初级、中级、高级、技师、高级技师的技能要求依次递进，高级别包括低级别的要求（表 0-1 ～表 0-5）。

1. 初级

表 0-1　初级工作要求

职业功能	工作内容	技能要求	相关知识
一、烹饪原料初加工	（一）鲜活原料的初步加工	能按菜肴要求正确进行原料初加工	1. 烹饪原料知识 2. 鲜活原料初步加工原则、方法及技术要求 3. 常用干货的水发方法
	（二）常用干货的水发	能够合理使用原料，最大限度地提高净料率	
	（三）环境卫生清扫和用具的清洗	1. 操作程序符合食品卫生和食用要求 2. 工作中保持整洁	
二、烹饪原料切配	（一）一般畜禽类原料的分割取料	能够对一般畜禽原料进行分割取料	1. 家畜类原料各部位名称及品质特点 2. 分割取料的要求和方法
二、烹饪原料切配	（二）原料基本形状的加工，如切丝、切片、切丁、切条、切段等	1. 操作姿势正确，符合要领 2. 合理运用刀法，整齐均匀 3. 统筹用料，物尽其用 4. 工作中保持清洁	1. 刀具的使用保养 2. 刀法中的直刀法、平刀法、斜刀法
	（三）配制简单菜肴	主配料相宜	冷热菜的配菜知识
	（四）拼摆简单冷菜	配料、布局合理	
三、菜肴制作	（一）烹制一般菜肴	1. 熟练掌握翻勺技巧，操作姿势自然 2. 原料挂糊、上浆均匀适度 3. 菜肴芡汁使用得当 4. 菜肴基本味型适中	1. 常用烹调技法 2. 挂糊、上浆、勾芡的方法及要求 3. 调味的基本方法
	（二）烹制简单的汤菜	能够烹制简单汤菜	简单汤菜的烹制方法

2. 中级

表 0-2 中级工作要求

职业功能	工作内容	技能要求	相关知识
一、烹调原料的初加工	（一）鸡、鱼等的分割取料	剔骨手法正确，做到肉中无骨，骨上不带肉	动物性原料的剔骨方法
	（二）腌腊制品原料的加工	认真对待腌腊制品原料加工和干货原料涨发中的每个环节，对不同原料、不同用途使用不同方法，做到节约用料、物尽其用	1. 腌腊制品原料初加工方法 2. 干货原料涨发中的碱发、油发等方法
	（三）干货原料的涨发		
二、烹调原料切配	（一）各种原料的成型及花刀的运用	刀功熟练，动作娴熟	刀工美化技法要求
	（二）配制本菜系的菜肴	能按要求合理配菜	配菜的原则和营养膳食知识
	（三）雕刻简易花形，对菜肴作点缀装饰	点缀装饰简洁、明快、突出主题	烹饪美术知识
	（四）维护、保养厨房常用机具	能够正确使用和保养厨房常用机具	厨房常用机具的正确使用及保养方法
三、菜肴制作	（一）对原料进行初步熟处理	正确运用初步熟处理方法	烹饪原料初步熟处理的作用、要求等知识
	（二）烹制本菜系风味菜肴	1. 能准确、熟练地对原料挂糊上浆 2. 能恰当掌握火候 3. 调味准确，富有本菜系的特色	1. 燃烧原理 2. 传热介质基本原理 3. 调味的原则和要求
	（三）制作一般的烹调用汤	能够制作一般的烹调用汤	一般烹调用汤制作的基本方法
	（四）一般冷菜拼盘	1. 冷菜制作、拼摆、色、香、味、形等均符合要求 2. 菜肴盛器选用合理，盛装方法得当	1. 冷菜的制作及拼摆方法 2. 菜肴盛装的原则及方法

3. 高级

表 0-3 高级工作要求

职业功能	工作内容	技能要求	相关知识
一、烹调原料初加工	（一）整鸡、整鸭、整鱼的出骨	整鸡、整鸭、整鱼出骨应下刀准确，完整无破损，做到综合利用原料、物尽其用	鸡、鸭、鱼骨骼结构及肌肉分布
一、烹调原料初加工	（二）珍贵原料的质量鉴别及选用	能够鉴别珍贵原料质量并选用	珍贵原料知识及涨发方法
	（三）珍贵干货原料的涨发	能够根据干货原料的产地、质量等，最大限度地提高出成率	干货涨发原理
二、烹调原料切配	（一）制作各种蓉泥	蓉泥制作精细，并根据需要准确达到要求	各种蓉泥的制作要领
	（二）切配宴席套菜	冷菜造型完美，刀工精细	宴席知识
	（三）食品雕刻与冷菜拼摆造型	食品雕刻及拼摆造型形象逼真	烹饪美术知识
三、菜肴制作	（一）烹制整套宴席菜肴	1. 菜肴的色、香、味、形符合质量要求 2. 根据宴席要求统筹安排菜肴烹制时间和顺序	1. 合理烹饪知识 2. 少数民族的风俗和饮食习惯
	（二）制作高级清汤、奶汤	清汤、奶汤均达到质量标准	制汤的原理和原则

4. 技师

表 0-4 技师工作要求

职业功能	工作内容	技能要求	相关知识
一、菜肴设计与创新	（一）使用新原料、新工艺 （二）科学合理配膳，营养保健 （三）推广新菜肴	1. 使用新的原材料、运用新的加工工艺创新菜肴品种，做到口味多样化 2. 借鉴本地区以外的菜系，不断丰富菜肴款式，且得到宾客好评	1. 中式各菜系知识 2. 中国烹饪简史和古籍知识 3. 中华饮食民俗 4. 营养配膳知识
二、宴席策划主理	（一）宴席策划 （二）主理高档宴席菜点的制作	1. 参与策划高档宴席，编制菜单 2. 主理制作高档宴席菜点 3. 高档宴席菜点能在色、香、味、形、营养、器皿等诸方面达到较高的水平，满足宾客的合理需求	1. 宴席菜单编制的原则 2. 中式面点制作工艺
三、厨房管理	（一）人员管理	调配本部门人员，完成日常经营任务，并调动全员的工作热情，严格遵守岗位责任制	企业管理有关知识
	（二）物品管理	把好部门进货质量和菜品质量关，能节约用料，降低成本	
	（三）安全操作管理	安全操作，防止各类事故发生	
四、培训指导	（一）对初、中级中式烹调师进行培训 （二）指导初、中级中式烹调师的日常工作	1. 基本功训练严格、准确，并有耐心和责任心，同时根据培训目标和培训期限，组织实施培训 2. 指导工作随时随地进行，并亲自示范，指出关键要领，做到言传身教	生产实习教学法

5. 高级技师

表 0-5 高级技师工作要求

职业功能	工作内容	技能要求	相关知识
一、菜肴设计与创新	（一）开发新原材料和调味品	继承传统，保持中国菜特色并开拓创新	1. 世界主要宗教和主要国家、地区饮食文化 2. 国外烹饪知识
	（二）改革创新制作工艺	改革创新，使烹调菜肴工艺快捷简便、营养科学	
二、宴席策划主理	（一）独立策划宴席，编制菜单 （二）烹制稀有珍贵原料的菜肴	1. 能主理各种形式、不同规模的餐饮活动 2. 根据宴席功能主理制作富有特色的宴席	1. 宴席营养知识 2. 中西饮食文化知识 3. 珍贵稀有原料方面的知识
三、厨房管理	（一）厨房人员分布 （二）参与全店经营管理 （三）协调餐厅与厨房的关系 （四）解决厨房中的技术难题	1. 合理分布厨房各部门人员 2. 保证经营利润指标的完成 3. 加强巡视，全面指导各级中式烹调的工作 4. 能够使用计算机查询相关信息，并进行厨房管理	1. 公共关系学的有关知识 2. 餐厅服务知识 3. 消费心理管理知识 4. 饭店经营管理知识 5. 计算机使用基本知识

续表

职业功能	工作内容	技能要求	相关知识
四、培训指标	对各级中式烹调师进行培训指导	1. 能编写对各级中式烹调师进行培训的培训大纲和教材 2. 指导各级中式烹调师的日常工作	1. 教育学方面的知识 2. 心理学方面的知识

四、比重表

1. 理论知识

各级烹调师理论知识所占比重见表 0-6。

表 0-6　理论知识比重

项目		初级 /%	中级 /%	高级 /%	技师 /%	高级技师 /%
基本要求	1. 职业道德	10	—	—	—	—
	2. 基础知识	10	15	10	—	—
相关知识	1. 烹饪原料知识	20	15	10	—	—
	2. 烹饪原料的初加工	20	15	15	—	—
	3. 烹饪原料的切配	20	25	30	—	—
	4. 菜肴制作	20	30	35	30	20
	5. 菜肴设计与创新	—	—	—	40	40
	6. 宴席策划主理	—	—	—	20	30
	7. 厨房管理	—	—	—	5	5
	8. 培训与指导	—	—	—	5	5
合计		100	100	100	100	100

2. 技能操作

各级烹调师技能操作所占比重见表 0-7。

表 0-7　技能操作比重

项目		初级 /%	中级 /%	高级 /%	技师 /%	高级技师 /%
技能要求	1. 烹饪原料的初加工	10	10	5	—	—
	2. 烹饪原料的切配	30	30	25	—	—
	3. 菜肴制作	60	60	70	—	—
	4. 菜肴设计与创新	—	—	—	20	30

续表

项目		初级 /%	中级 /%	高级 /%	技师 /%	高级技师 /%
技能要求	5. 菜点制作	—	—	—	50	25
	6. 宴席策划主理	—	—	—	20	30
	7. 厨房管理	—	—	—	5	10
	8. 培训与指导	—	—	—	5	5
合计		100	100	100	100	100

0.2 熟知中式烹调师岗位职责

厨房职能随饭店规模的大小和经营风味、风格的不同而有所区别。大型饭店的厨房规模大、联系广，各部门功能比较专一。

厨房的生产运作是厨房各岗位、各工种通力协作的过程。原料进入厨房，要经过加工、配份、烹调，以及冷菜、点心等工种、岗位的相应处理，至成品阶段才能送至备餐间，用以传菜销售，因此，厨房各工种、岗位都承担着不可或缺的重要职能。

任务实施

一、厨师长岗位职责

（1）在餐饮部经理领导下，负责厨房的各项管理工作。

（2）主持制订厨房各项规章制度，不断加强厨房管理。

（3）负责菜单的筹划、更新及菜肴价格的制订。

（4）掌握厨房核心人员的技术特长，合理安排各部门的技术力量搭配。

（5）掌握每天营销情况，统筹各环节的工作，负责大型宴会的烹制工作。

（6）把好菜肴质量关，现场指挥，督促检查，保证菜肴的质量，保证出菜速度要求。

（7）负责厨房食品卫生工作，督促检查食品、餐具、用具和个人卫生，杜绝食物中毒事故，做好厨房安全消毒工作。

（8）掌握餐饮市场信息，熟悉和掌握货源供应与库存情况，经常检查食品仓库的保管工作，防止货物变质、短缺和积压，实行计划管理。

（9）抓好成本核算和控制，掌握进货品种、质量、数量、价格，加强对食品原材料、各类物料、水、电、煤气的管理，堵塞各种漏洞，降低成本，提高效益。

（10）抓好业务交流，重抓技术培训，做好传、帮、带，组织厨师不断研制各个时令新菜式，翻新品种，提高技术素质。

（11）抓好厨房的精诚团结、工作积极性。

（12）厨房每天工作例会要不断执行，掌握每天的工作情况。

（13）掌握原材料耗用、食品加工情况和储备情况，负责制订食品原料申领计划及采购计划，抓好领货、进货的验收手续，防止原料变质。

（14）负责检查各环节厨师操作规范和质量要求。

（15）加强与厨师的沟通，紧密配合，收集和听取客人对菜肴质量的意见及反映，掌握信息，适时对菜式进行调整和补充。

（16）负责厨房的各类设施设备和财产管理，检查厨师对厨房设备的使用和保养，做好厨房的安全消防工作及消防培训，保证安全出品，提高安全意识。

（17）制订点心专间、冷菜专间、卫生间（厨房员工使用）、厨房间卫生制度。

二、厨房炉灶厨师岗位职责

（1）服从厨师长工作安排，遵守酒店及厨房各项制度，做好菜肴的烹调制作，保证菜肴口味稳定。

（2）掌握菜肴各自不同的烹饪方法，努力钻研技术，积极创新。

图 0-2　炉灶厨师岗位 1

（3）了解每天的预订情况，做好各种准备工作，营业前做好必要的半成品加工工作，并检查准备工作情况。

（4）营业中认真、用心、规范操作烹调菜肴，菜肴装盆美观大方，色、香、味、形俱佳（图 0-2）。

（5）操作中注意节约水、电、煤气，避免不必要的浪费。

（6）保持环境整洁，各种用具摆放要整齐。

图 0-3　炉灶厨师岗位 2

（7）正确使用灶具、用具及设备，注意操作安全（图 0-3）。

（8）维护好员工之间的团结，起带头作用，不断提高自身素质。

（9）保管好高档调味品，调配好各种复合味调味品。

（10）负责涨发工作，对烹调质量进行监督检查。

三、厨房冷盘厨师岗位职责

（1）服从厨师长工作安排，遵守酒店及厨房各项制度。

（2）负责冷菜间的日常管理，协助厨师长抓好管理。

（3）了解每天预订情况及要求，及时做好准备工作。

（4）熟悉、掌握各种口味及制作方法，正确使用各种原料和盛器（图 0-4）。

（5）严格执行冷菜操作程序及质量标准，加工中严把质量关。

图 0-4　冷盘厨师岗位

（6）经常变换品种，不断创新。

（7）精通刀工的各种刀法运用及装盘造型技术。

（8）注意综合利用各种原料，降低消耗，减少浪费。

（9）严格执行各项卫生制度，做好冷菜间的清洁卫生和消毒工作，确保食品万无一失。

（10）注意冰箱管理及冰箱库存保鲜，生熟分开。

（11）正确使用设备及用具，做好保养、保管工作。

（12）维护好员工之间的团结，不断提高自身素质，积极参加培训。

（13）把好原料进货质量关，并指导粗加工，对原料进行正确加工。

（14）对烧烤技术、口味、卤水口味要正确掌握操作技术，卤水、烧烤装盘、色面要控制稳定。

（15）对刺身要严格管理，对用具消毒做到专人专用，对刺身要严把质量关。

（16）监督其他操作人员符合规格及卫生要求，技术运用合理。

（17）对变质食品决不出售（图 0-5）。

（18）确保冷菜间无蚊蝇、蟑螂和老鼠。

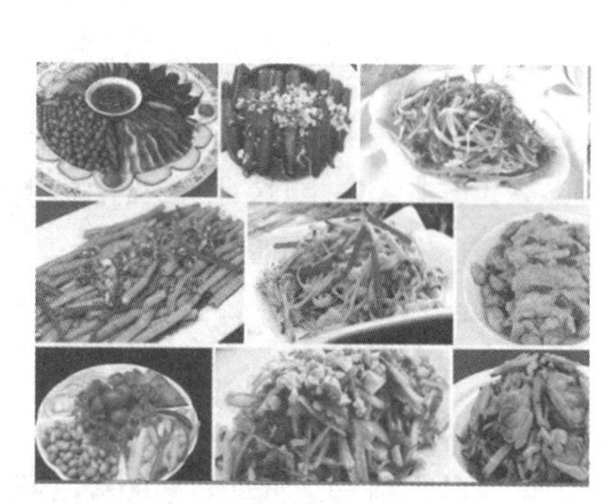

图 0-5　常见冷菜制作

四、厨房切配厨师岗位职责

（1）服从厨师长工作安排，遵守酒店及厨房各项规章制度。

（2）加强对冰箱的管理及冷库区域的管理，共同做好切配工作。

（3）负责做好食品原料的切配、上浆、保管工作。

（4）了解每天预订情况，及时做好准备工作，并检查预订宴会切配准备，每天验收情况上报厨房办公室，严把质量关，拒收疑问原料。

（5）严格执行工作规程，确保质量要求，熟悉掌握技术，选料、用料注意节约，做到整料整用，次料次用。

（6）切配主管应每天对申购工作的库存原料检查后再申购，掌握各类菜肴的标准数量，严格控制成本，防止缺斤缺两。

（7）加强对蔬菜间的管理及洗菜要求，传帮洗菜部员工。

（8）做好食品原料的保存、保洁、保鲜，存放冰箱需用保鲜盒和保鲜膜。

（9）加强各档口联系，做到心中有数，正确做好切配工作及各档口边角料运用。

（10）严格执行各项卫生制度，保证食品安全，做好切配场地台面、各种用具与盛器的清洁卫生和垃圾的处理（图 0-6）。

（11）珍惜各种设备及用具，做好保养、保管工作。

（12）对出样菜品要及时掌握新鲜度并及时利用，减少浪费并仔细核对菜单是否有误。

（13）冰箱内生熟分开，做到定时清洗，冰箱内无异味，食品摆放整齐，要掌握好冰箱温度，每天检查冰箱，对沽清急推工作做到细致化。

图 0-6　切配厨师岗位

（14）维护好员工之间的团结，积极参加培训，不断提高自身素质。

（15）掌握每天畅销品种请购，做好请购工作，对蔬菜要及时检查其新鲜度、水样新鲜度及是否有异味（图 0-7）。

（16）检查其他操作人员是否符合规格及卫生要求，技术运用是否合理。

（17）对不洁或变质食品坚决不出售，控制领料数量。

图 0-7　常见原料切配

五、厨房上什厨师岗位职责

（1）服从厨师长工作安排，遵守酒店及厨房各项规章制度。

（2）了解每天的预订情况，检查宴会准备工作。

（3）做好各复合味调味料调制，并做好保管工作（图 0-8、图 0-9）。

（4）每天要保证营业中原料充足、够用且不得浪费。

（5）做好燕、鲍、翅、参、肚的涨发工作，保管要专人专冰箱。

（6）冰箱内库存要做到心中有数、正确运用，加强冰箱管理。

（7）抓好原料进货质量关，做好验收及请购工作。

（8）保证菜肴质量、口味稳定。

（9）正确运用技术，合理操作，厨房设备保养、保管、珍惜使用。

（10）降低成本，节约水、电、煤气，提高效率（工作效率、毛利率）。

（11）环境卫生、台面、垃圾桶要注意清理。

（12）维护好员工团结，积极钻研，不断提高自身素质。

（13）做到与各档口的紧密配合。

（14）煲汤档口的每天准备要及时，保证正常供应，汤色、口感稳定。

（15）督促并监督，严把出品质量关。

图 0-8　复合调味料调制 1

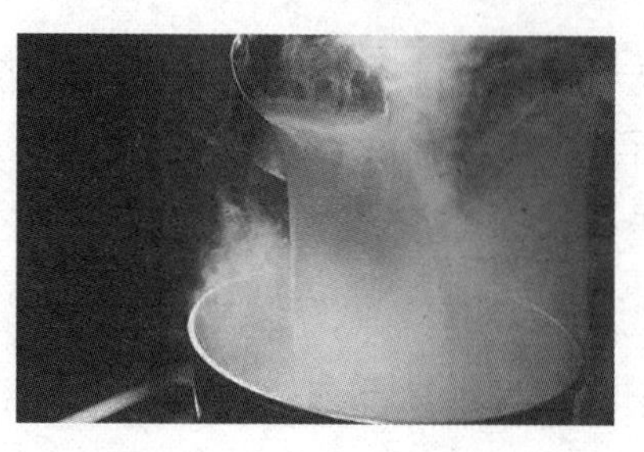

图 0-9　复合调味料调制 2

六、厨房打荷厨师岗位职责

（1）服从厨师长工作安排，遵守酒店及厨房各项规章制度。

（2）了解每天预订，做好并检查准备工作，掌控出菜程序并具有应变能力，对周边的准备工作、围边要控制成本，但要有新意，每天围边原料要准备充足。

（3）负责准备餐具和盛器，摆放合理，注意保洁及备用数量，不得存放私人物品，所有荷台应指定专人管理，调味料、用具摆放整齐。

（4）开市时，协助厨师长检查菜肴质量，发现不符合要求或有异味应及时汇报厨师长，及时调整并处罚切配，起到炉灶与各档口的传递作用。

（5）根据菜肴的急、缓，及时与炉灶调剂，及时制作。

（6）指定专人负责每天员工餐的打菜工作，并在营业中杜绝用木夹及漏夹工作，出菜后夹子编号力求做到准确。

（7）厨房的备用仓库打荷主管负责维护整齐、整洁度及地面卫生。

（8）打荷部门冰箱、冰柜的管理由主管负责，定期清洗，每天检查。

（9）打荷人员营地炉灶每天清洗两次及调味料缸统一归类后清洗。

（10）注意工作区域的环境卫生、个人卫生，每星期日大扫除时，打荷人员对排烟机进行清洗，并指定专人看管。

（11）负责排风机的关闭，在无菜情况下应及时关闭。

（12）要保证已装盘菜肴盘边清洁、围边到位、及时出菜，每天收市后对手布（抹布）进行消毒、浸泡，调味料加盖。

（13）每天领料要够用，不得浪费，要有计划性。

（14）要准确掌握菜肴小料的使用及准备情况，保管复合味调味料。

（15）打荷员工不得偷吃酱料（成品），不得浪费员工餐，珍惜、保管、保养厨房设备、用具，要认真、用心保护财产（图 0-10）。

（16）打荷人员应分隔周转箱内马斗、餐具、瓷器。

（17）维护好员工团结，提高自身素质。

图 0-10　打荷厨师岗位

七、厨房点心厨师岗位职责

图 0-11　点心厨师岗位 1

（1）服从厨师长工作安排，遵守酒店及厨房各项规章制度。

（2）负责各种点心的加工制作和供应。

（3）要了解每天预订情况，做好并检查、准备工作（图 0-11）。

（4）熟悉各种点心的制作方法，掌握制作技巧。

（5）做好原料和工具、盛器的准备工作。

图 0-12　点心厨师岗位 2

（6）认真执行点心加工制作规程，坚持质量标准（图 0-12）。

（7）配料比例恰当，成品外形精致美观，大小均匀，口味正宗。

（8）操作过程中，注意各种原料的合理使用，降低损耗，杜绝浪费，提高工作效率（图 0-13）。

图 0-13　点心厨师岗位 3

（9）严格执行卫生制度和点心间的环境卫生，确保食品卫生和安全。

（10）正确使用设备和用具，保洁、保养、保管工作认真到位。

（11）冰箱管理要认真、用心，加强冰箱管理。

（12）配合厨师长做好大型及高档宴会的点心制作。

（13）维护好员工的团结，提高自身素质。

（14）抓好进货质量关，控制领料数量。

八、厨房洗碗工岗位职责

（1）服从厨师长工作安排，遵守酒店及厨房各项规章制度。

（2）负责餐具、厨具、清洁、整理、消毒工作，保持工作场所的清洁卫生工作。

（3）严格执行卫生法规定的洗碗操作规程，即一刮、二洗、三过、四消毒、五保洁。

（4）爱护各种餐具、厨具，做到谨慎操作、减少损耗（图 0-14）。

图 0-14　洗碗工岗位 1

（5）熟悉各种消毒剂的性能和使用方法，以及消毒设备的使用方法（图 0-15）。

（6）掌握餐具、用具破损情况，做好记录。

（7）做好环境卫生及个人卫生，维护好员工的团结，提高自身素质。

（8）要合理清洁蔬菜，洗净蔬菜。

图 0-15　洗碗工岗位 2

九、厨房水台岗位职责

（1）服从厨师长工作安排，遵守酒店及厨房各项规章制度。

（2）对加工的原料数量做好验收工作（图 0-16）。

（3）根据厨房对原料加工的规格、时间的要求，做到及时供货，保证正常营业中供应烹制（图 0-17）。

（4）加工时严格掌握拆卸率，减少损耗，提高效率。

图 0-16　水台岗位 1

图 0-17　水台岗位 2

（5）加工后要及时清理场地，确保场地的清洁、整齐、卫生。

（6）做好环境卫生、个人卫生，对用具的保管要认真负责。

（7）维护好员工的团结，提高自身素质。

十、厨房冷菜专间岗位职责

（1）服从酒店管理制度，听从总厨师长的工作安排。

（2）冷菜出品应做好色、香、味、刀面、装盘、围边的统一工作，保持稳定。

（3）冷菜专间工作人员应戴口罩、手套，保持衣、帽的整齐、整洁。

（4）每天对用具、手布、砧板进行消毒并配置消毒水备用。

（5）加强对冰箱的管理，定期清洗，每天检查成品质量，保证出品质量。

（6）冰箱内应生熟分离，做好保鲜工作。

（7）每天了解预订情况，做好准备工作。

（8）冷菜专间不得有私人物品，保持专间内整齐、整洁，垃圾桶应加盖。

（9）冷菜主管应加强对冷库所有区域的日常管理，做好每天的检查工作。

（10）坚持明档玻璃的每天清洗工作。

（11）冷菜主管应对成本的合理控制做好计划（图 0-18）。

（12）出样展示冷菜应注意色、量、形、新鲜度（图 0-19）。

图 0-18　冷菜专间岗位 1

图 0-19　冷菜专间岗位 2

（13）冷菜主管和烧腊主管共同对烧腊专间进行管理，包括物品堆放区域的整齐度，共同对烧腊出品质量关的稳定性、色、香、味及成本进行控制，以及对加工区域（烧腊）的卫生进行共同管理。

素养提升

任何一个普通的岗位，都是展示各种才华的舞台。在自己的岗位上尽职尽责、努力工作是一种奉献，是一种真诚自愿的贡献，是一种愉快的收获，是一种纯洁高尚的精神，也是一种自我升华的境界。

0.3　熟知中式烹调师作业流程

知识准备

烹饪工艺作为一门科学，由一定的科学理论、操作技能、工艺流程及相应的物质技术设备所构成。烹饪工艺以科学理论为指导，以物质技术设备为保证，操作技能及工艺流程则是其主干和核心。菜肴烹饪工艺流程根据烹调生产的特点，可分为原料选择与加工工艺、组配工艺、调味工艺、制熟工艺。

任务实施

一、中式烹调师制作菜肴的基本程序

（一）准备工作

1. 样品配份摆放

样品配份摆放有如下要求：

（1）各占灶厨师将自己所分阶段负责的菜肴品种，按《标准菜谱》中规定的投料标准和刀工要求进行配份，将配份完整菜肴的各种原料按主、辅料的顺序依次码放于规定的餐具中，餐后用保鲜膜封严，作为菜肴样品。

（2）将加工好的所有菜肴样品摆放于餐厅冷藏式展示柜划定的区域内，并放好价格标签。

（3）样品的码盘、摆放要美观大方、引人注目。

（4）要保持各展示柜内样品摆放区域干净卫生。

（5）在展示柜内样品摆放的数量为 2 ～ 3 份，样品的加工与摆放必须在规定的时间内完成，具体时间是上午 10：30—下午 5：00。

2. 工具准备

（1）检查炉灶：通电、通气检查炉灶、油烟排风设备运转功能是否正常，若出现故障，应及时自行排除或报修。

（2）炉灶用具：将手勺放入炒锅内，将炒锅放在灶眼上，漏勺放于油鼓上，垫布放于炒锅左侧，炊帚、筷子、抹布等用具备好，放于炒锅右侧。

图 0-20　调味料准备 1

（3）炉灶试火：打开照明灯，先点火放入灶眼中，再打燃气（或油）开关，调整风量，打开水龙头，注满水盒后，调整水速，保持流水降温，试火后仅留 1 ～ 2 个用于熟处理的共用火眼，其他关闭。

（4）调味料用具：准备各种不锈钢、塑料调味料盒（图 0-20、图 0-21）。

（5）所有用具：工具必须符合卫生标准。具体卫生标准如下：

①各种用具、工具干净无油腻、无污渍。

②炉灶清洁卫生、无异味。

③抹布应干爽、洁净、无油腻、无污物、无异味。

图 0-21　调味料准备 2

3. 准备调味料

在打荷厨师的协助下，将烹调时所需的各种成品调味品检验后分别放入专用的调味料盒内。

4. 制备调味料

自制的调味料主要有调味酱、调味油、调味汁等（图 0-22）。

（1）制作调味酱：按《标准菜谱》的要求制作煲仔酱、黑椒酱、XO 酱、蒜蓉酱、辣甜豆豉酱、辣椒酱等常用的调味酱。

（2）制作调味油：按《标准菜谱》的要求制作葱油、辣椒油、花椒油、葱姜油、明油等常用的调味油。

（3）制作调味汁：按《标准菜谱》的要求制作煎封汁、素芡汁、精卤汁、西汁、鱼汁等常用的调味汁。

（二）餐前检查

（a）

（b）

（c）

图 0-22　制备调味料

1. 餐前检查的项目

（1）炉灶是否进入工作状态。

（2）油、气、电路是否正常。

（3）提前 30 min 将其他炉灶点燃。

2. 准备工作过程的卫生要求

准备样品、工具与预热加工过程要保持良好的状况，废弃物与其他垃圾随时放置专用垃圾箱内，并随时将桶盖盖严，以防垃圾外溢，炉灶台面随手用抹布擦拭，各种用具要保持清洁，做到每隔 20 min 全面整理一次卫生。

3. 准备工作结束后的卫生要求

台面无油腻、无杂物，炊具、抹布干爽无污渍；所有准备工作结束后，应对卫生进行全面清理。具体要求如下：

（1）将一切废弃物放置垃圾箱内，并及时清理。

（2）对灶面及各种用具的卫生进行全面整理、擦拭。

（3）使用完的料盘要清洗干净并放在规定的位置，一切与作业过程无关的物品均应从灶台上清理干净。

（4）对灶前地面或脚底板应进行清洁处理，发现油渍等黏滑现象应及时处理干净。

（三）信息沟通

由于占灶厨师承担整个酒店占灶制作与供应的任务，开餐前必须主动与其他部门进行信息沟通，特别是了解当餐及当天宴会的预订情况，以便做好充分准备。

（1）与订餐台了解当天宴席的预订情况。

（2）了解会议餐预订情况。

（3）负责电饼铛岗位的厨师应主动与明档的炸货、焖鱼厨师进行联系，了解需要小玉米饼的预计数量。

（4）了解前一天各个占灶品种的销售数量。

（四）菜肴烹制

1. 接料确认

接到打荷厨师传递配份好的菜肴原料或经过上浆、挂糊及其他处理的菜料，首先确认菜肴的烹调方法，确认工作应在 10 ～ 20 min 完成。

2. 菜肴烹调

（1）根据《标准菜谱》的工艺流程，按打荷厨师分发的顺序对各种菜肴进行烹制，烹制成熟后，将菜肴盛放在打荷厨师准备好的餐具内。

图 0-23　菜肴装盘 1

（2）占灶厨师烹制相同的菜肴时，每锅出品的菜肴为 1 ～ 2 份（图 0-23）。

（3）如果有催菜、换菜，需优先烹制的菜肴应在打荷厨师的协调下优先烹制。

3. 装盘检查

占灶厨师将烹制好的菜肴装盘后，应在打荷厨师整理、盘饰前进行质量检查，检查的重点是菜肴中是否有异物或明显的失饪情况，一旦发现应立即予以处理（图 0-24）。

图 0-24　菜肴装盘 2

（五）退菜处理

1. 接受退菜

无论客人出于什么原因提出的退菜、换菜要求，应立即进行接受并及时进行处理，占灶厨师不得寻找任何理由予以拒绝。

2. 分类处理

事后要对退菜原因进行分析，并对分析结果进行分级处理：

（1）退菜、换菜的直接责任完全是因为菜肴的质量问题，则责任由占灶厨师承担，按厨师部的惩处制度对责任人进行处罚。

（2）退菜的原因不完全属于菜肴出品质量，但占灶厨师有部分责任，则对占灶厨师进行部分处罚。

（3）属于客人故意找碴，菜肴没有质量问题，则无须对占灶厨师进行处罚。

3. 制订纠正措施

占灶厨师对出现的问题进行认真、全面的分析，找出原因，由本人制订相应的纠正或避免类似问题再次发生的措施，报告厨师长签字备案，确保不再发生同样或类似的事件。

（六）餐后收台

1. 调味料整理

调味料整理程序与要求如下：

（1）将调味料盒内剩余的液体调味料用保鲜膜封好后，放入恒温柜中保存。

（2）粉状调味料及未使用完的瓶装调味料加盖后存放在储藏橱柜中。

2. 余料处理

没有使用完的食油、水淀粉等在打荷厨师的协助下，分别进行过滤、加热处理，然后放置在油缸或淀粉盒内。

3. 清理台面

将灶台上的调味料盒、盛料盆及漏勺、手勺、炊帚、筷子等用餐洗净溶液洗涤，用清水冲洗干净，再用干抹布擦干水，放回固定的存放位置或储存柜内。

4. 清洗水池

先清除水池内的污物杂质，用浸过餐洗净溶液的抹布内外擦拭一遍，然后用清水冲洗干净，再用干抹布擦干。

5. 清理垃圾桶

将垃圾桶内盛装废弃物的塑料袋封口后，取出送至共用垃圾箱内，然后将垃圾桶内外及桶盖用水冲洗干净，用干抹布擦拭干净，再用消毒液内外喷洒一遍，不用擦拭，以保持消毒液干燥时的杀菌效力。

6. 清理地面

先用笤帚扫除地面垃圾，再用浸渍过热碱水或清洁剂溶液的拖把拖一遍，然后用干拖把拖干地面，最后把打扫卫生使用的工具清洗干净，放回指定的位置晾干，如果有脚步踏板，也要进行同样的清洗过程。

7. 洗油烟排风罩、擦墙壁

炉灶上方的油烟排风罩，按从内到外、自上而下的顺序先用浸过餐洗净溶液的抹布擦拭一遍，然后用干净的湿抹布擦拭一遍，最后用干抹布擦拭一遍。占灶间的墙壁，按自上而下的顺序先用浸过餐洗净溶液的抹布擦拭一遍，然后用干净的湿抹布擦拭一遍，最后用干抹布擦拭一遍。

8. 清洗抹布

所有抹布用热碱水或餐洗净溶液浸泡、揉搓、捞出、拧干后，用清水冲洗两遍，拧干后放入微波炉用火力加热 3 min，取出晾干。

9. 卫生清理标准

（1）油烟排风罩、墙壁每周彻底擦洗一次，其他工具、设备用品每餐结束后彻底擦拭一次，机械设备要保证无油渍、无污渍。

（2）擦拭过的灶台、工具要求无油渍、无污迹、无杂物（图 0-25）。

（3）地面无杂物、无积水。

（4）抹布清洁，无油渍、无异味。

图 0-25　卫生清理 1

（七）卫生安全检查

1. 卫生检查

按一定卫生清理标准进行检查，合格后进行设备安全检查（图 0-26）。

2. 安全检查

检查电器设备、排油烟设备、照明设备功能是否正常；检查炉灶的气阀或气路总阀是否关闭。

3. 消毒处理

整个热菜厨房的卫生清理及安全检查工作结束后，由专人负责打开紫外线消毒灯，照射 20 ～ 30 min 后，将灯关闭，工作人员离开工作间，然后锁门。

图 0-26　卫生清理 2

按时填写厨房消毒记录（表 0-8）和厨房卫生检查记录（表 0-9）。

表 0-8　厨房消毒记录

消毒方式：① 84 消毒液 ②日晒 ③擦洗 ④高温开水浸泡 ⑤紫外线照射 ⑥其他

类目 日期	厨具	餐具	灶台	操作台面	冰箱	食品保存盒	消毒柜	菜筐	水龙头、水池	门面、门把手	室内、地面	厨师服	拖把	抹布	开水桶	空气消毒	执行人
__月__日 星期__																	
__月__日 星期__																	
__月__日 星期__																	
__月__日 星期__																	
__月__日 星期__																	
__月__日 星期__																	
__月__日 星期__																	

工作人员：　　　　检查员：

（页码：）

表 0-9 厨房卫生检查记录

星期＼内容	柜内整洁无污染	炊具无油污	菜板干净	水池干净	抹布干净	灶台干净	窗台无油污	炉具整洁无油污	抽油烟机无油污	柜门清洁无油污	墙面无油污	菜盆干净	菜筐干净	地面整洁	负责人	检查人
一																
二																
三																
四																
五																
六																
日																
一																
二																
三																
四																
五																
六																
日																
一																
二																
三																
四																
五																
六																
日																
一																
二																
三																
四																
五																
六																
日																

二、菜肴烹调作业流程

烹调工艺学以烹调生产流程为基础，针对烹调工艺的基本构成要素，根据烹调生产的特点，将烹调流程分为以下四部分。

(一) 原料选择与加工工艺

烹饪原料选择和初加工是烹调工艺学中的首道工艺环节，它是菜品正式烹调的前提和基础，选择原料品质的优劣，不仅影响到菜品的质量，而且还关系到是否违反国家动植物保护的法律、法规。原料经初加工后是否清洁、卫生、无害，直接关系到人体的健康、安全。对选择的原料进行加工包括宰杀、清洗、整理、保鲜、分档、切割、涨发等流程。干货原料是烹饪中重要的原料品种，许多高档菜品都是由干货原料加工而成的，如鲍鱼、鱼翅、燕窝等，干货原料涨发质量的好坏直接关系到菜品的烹调效果，对于高档原料，操作不当还会造成重大损失，所以，掌握科学的涨发方法十分重要。原料的切割工艺包括分解取料、加工刀法两大类。分解取料可以突出原料部位特点，充分、合理地利用原料，既有利于控制菜品的成本，提高制品质量；又能避免浪费，做到物尽所用（图 0-27）。

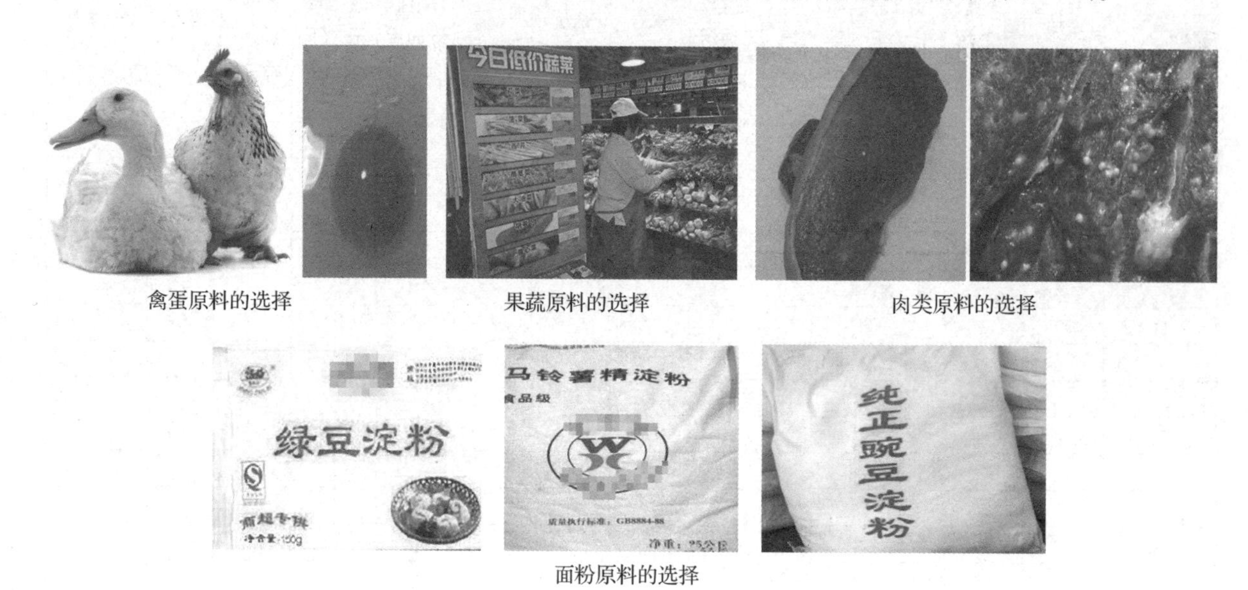

禽蛋原料的选择　果蔬原料的选择　肉类原料的选择

面粉原料的选择

图 0-27　原料的选择

（二）组配工艺

组配工艺由几个独立、不连贯的主题内容组成，如糊浆工艺、制汤工艺、上色工艺、蓉胶工艺、制冻工艺、菜肴组配工艺等。从工艺流程上讲，组配工艺应该是初加工以后的精加工过程。糊浆工艺是菜肴烹制的重要流程，它对菜品的色、香、味、形的完善有非常重要的作用，是菜肴做到更嫩、更香、更脆、更滑、更鲜的具体措施。其内容包括挂糊、上浆、拍粉、勾芡等工艺流程（图 0-28），常用糊浆的调配方法有发蛋糊、脆皮糊、蛋清浆、制嫩浆等。制汤工艺、上色工艺、蓉胶工艺、制冻工艺主要是掌握吊汤原理、糖加热变色原理、蓉胶调配原理等。

挂糊工艺　上浆工艺　拍粉工艺　勾芡工艺

图 0-28　糊浆工艺

菜肴组配工艺包括菜肴和宴席两部分。根据宴席档次和菜肴质量的要求，把各种加工成型的原料加以适当配合，供烹调或直接食用的工艺过程称为菜肴和宴席的组配工艺。菜肴组配工艺是基础，宴席组配是菜肴、点心等组配工艺集中的体现，其目的是通过将各种相关的食物原料有规律结合，为制熟加工提供对象，为食用与销售提供依据，并为定性、定量化生产提供标准。菜肴组配工艺对菜品的整体质量有决定性的作用，是菜品开发、创新的主要途径。

（三）调味工艺

调味工艺分为调味理论和调味技术两部分。调味理论是从生理和心理两个方面研究味觉的基本概念、味与味之间的相互关系，以及影响味觉的各种因素，为准确把握调味技术提供理论依据。调味技术是三大烹调技术要素之一，是烹调技术的核心与灵魂（图 0-29）。

图 0-29　常见的调味品

（四）制熟工艺

制熟工艺是烹调加工中的一个重要技术环节，它的成功与失败直接影响菜肴最后的色、香、味、形、质等方面，因而成为从业人员的基本技术要素之一。只有掌握和理解食物熟处理的基本原理和方法，才能科学地运用制熟工艺，最终改进、完善菜肴，把握制作关键。制熟工艺主要有两个方面：一是制熟工艺的基本原理及运用，包括火候、传热、传热介质等方面的原理和概念，是学习和掌握烹调方法的基础，也是烹调方法分类和菜品风味特色形成的重要依据；二是制熟工艺的方法，烹调方法是历代厨师经过长期实践总结出来的，可使菜肴形成多种风味，它不仅代表了一种技法，同时还反映出形成菜肴风味的一般性规律，针对不同的原料选用不同的方法，可以满足人们不同口味的需要。简单来说，制熟工艺是制作菜肴的一种方法。由于我国地域广，加之物产丰富，口味多变，菜肴成品要求的差异大，人们大多按自己的思路去制作菜肴，形成了多种多样的口味。这样一来，既丰富了菜肴的品种，又提供了多种做菜的方法，但同时也带来了技法、名称上的混乱纷杂现象，让人不易分辨。事实上，食物通过加热形成多样的风味是有规律可循的，研究制熟工艺，就是在寻找这种规律，进而以这种规律为主线，再去组合、交叉，推陈出新，形成更多熟加工技法（图 0-30）。

图 0-30　制熟工艺

素养提升

烹饪工作者要关注和追求细节。在烹饪过程中，烹饪工作者要不断调整火候、调味和摆盘的细节，力求将每道菜打磨到最佳状态；注重每一个细节，如调味料的用量、食材的鲜嫩度和熟度等，以确保味道的平衡和口感的细腻。

厨师对烹饪技艺的热爱和追求，不仅仅是简单地将食材进行加工和烹调，更是希望通过自己的努力和创意，创造出一道道独特而美味的佳肴，让人们享受到美食带来的愉悦和满足。

0.4 掌握中式烹调师礼仪卫生规范

知识准备

厨师个人卫生习惯是指厨师在从事厨房生产活动时养成的、不容易改变的、有效避免食品污染的行为，主要包括厨师的仪容仪表、日常行为规范和操作卫生规范等内容。同时每一位厨师还必须熟悉《中华人民共和国食品安全法》等相关内容。厨师仪容仪表标准是衡量厨师容貌、着装、行为等非技能因素的准则，是厨房食品卫生与安全的基础，是体现厨房管理效果的窗口。

任务实施

一、头发

（1）头发要求前不过眉、侧不过耳（图 0-31）。上岗前必须戴工帽，并且要求头发全部在工帽内。

（2）厨师在进入工作区域前，要求对工作服和帽子上的头发进行检查（图 0-32）。

图 0-31　厨师标准发型

二、面部

（1）面部必须干净，直接接触食品的员工不许化妆，男士不许留胡须。

（2）明档和直接接触客人的员工必须戴口罩（鼻孔不外露）。

图 0-32　厨师工作服穿戴标准

三、手部

手部表面干净、无污垢。所有厨师的指甲外端不得超过指尖，指甲内无污垢，不准涂指甲油。

四、工作服

（1）餐前要求厨师工作服干净、整洁、无异味、无褶皱、无破损。

（2）上衣与工作裤（图 0-33）均应干净，无油渍、无污垢，上衣保持洁白、卫生。

图 0-33　厨师专用工作裤

（3）非工作需要，任何人不得在工作区域外穿着工作服，也不得带出工作区域。

（4）纽扣要全都扣好，无论男女，第一颗纽扣须扣上，不得敞开外衣，也不得卷起裤脚、衣袖，领口必须使用不同颜色的标志带打结。

（5）衣口、袖口均不得显露个人衣物，工作服外不得有个人物品，如纪念章、笔、纸张等，工作服衣袋内不得多装物品，以免鼓起。

（6）各岗位员工按本岗位的规定穿鞋，任何时候都禁止穿凉鞋、拖鞋进入厨房。

（7）女性员工不得穿短裙、高跟鞋进入厨房。

（8）白色的上衣、工作帽、套袖、围裙要求 1 ～ 2 天洗涤一次。

（9）工作帽要按规定戴好，一次性的工作帽应每班换新一次，棉制品则应 1 ～ 2 天洗涤一次。

（10）开餐期间严格按照操作规范工作，尽量避免溅崩油迹、血迹，保持工作服干净、整洁，定期清洗并更换工作服。

五、厨师专用工作鞋

厨师应穿按岗位配发的工作鞋，工作鞋应清洁、光亮（图 0-34）。未配发工作鞋的，一律穿着黑色皮鞋（款式参照配发给一线的皮鞋）。

图 0-34　厨师专用工作鞋

厨师专用工作鞋的重要性：在所有职业病类别里，厨师职业病排名第二，仅次于消防员。厨师需要长期、长时间在高温湿滑环境中站立工作。一双不专业的厨师工作鞋，会导致厨师出现下肢静脉曲张、腰肌劳损、骨关节炎等职业病。厨师的手艺是随着岁月的积累而升值的。很多厨师在年轻时使用不恰当的劳保鞋，多年后虽练就一身好手艺，结果因为腰肌劳损、骨关节炎、下肢静脉曲张而不得不离开厨房。

缓解厨师疲劳的方法有多种：工作间隙踢腿、跺脚、抬脚跟等运动，可促进腿部血液循环；弯腰拉伸腰部骨骼和肌肉，可缓解腰部疲劳；下班后听音乐、坚持每天热水泡脚，都可以缓解疲劳。但要避免厨师职业病，仍然需要一双专业的厨师专用工作鞋。

厨师专用工作鞋的鞋底应该按人体工程学设计，根据人体脚底骨骼的位置，计算出最舒适的鞋底高度，而成型的鞋底不应该是水平面的。鞋底内部的形状完全贴合脚底骨骼高度，厨师身体重量科学分布在鞋底上。鞋底的材质还必须具备防滑、减震的功能，确保厨师在湿滑厨房不会滑倒。厨师在站立和走动时，减震功能可缓解身体重量对膝关节和腰椎的损伤。鞋垫、鞋内衬必须采用防臭、透气的真皮材质，具备排汗系统设计，确保厨师不会因为厨房高温而捂脚、湿脚、臭脚，使厨师的脚始终处于干燥舒适的状态，厨师在忙碌中才不会产生焦虑感。

六、袜子

应穿着黑色或深蓝色袜子，袜子无破洞，裤角不露袜口。

七、饰物

不得佩戴手表以外的其他饰物，且手表款式不能夸张（在欧美一些国家可以戴结婚戒指）。

八、特别提示：初加工岗位

初加工厨师上岗时，除要按通用部分的规定着装外，还应做到如下几点。

（1）进入工作区应穿戴高腰水鞋、塑胶围裙、乳胶手套。

（2）工作时要保持工作服及防水用品的干净卫生。

（3）防水用品使用结束后，应清洗干净并放在固定的存放位置。

素养提升

要注重食品的卫生、安全问题，努力学习和了解烹饪行业的法律法规、行业规范及行业伦理，将职业操守的精神体现在平时的学习、生活中。

厨师应该具备良好的卫生习惯，保持清洁，具有良好的思想品德，有较强的事业心和责任感，坚守岗位，遵守操作规程，确保菜肴的卫生和口感。

项目一

川菜风味热菜制作

项目一彩图

项目导读

中国美食博大精深、名扬天下，深受世人喜爱。川菜历史悠久，可谓中国久负盛名的地方风味菜系之一，享有“食在中国，味在四川”的美誉。

川菜发源于古巴蜀国，在历经商周至秦国的孕育萌芽期后，至汉晋时期已初具雏形。至隋唐五代，川菜得到了蓬勃发展。两宋时期，川菜风味得到长足发展，推向了全国餐饮市场。明清时期，川菜发展平稳。明末清初，由于辣椒在调味中的使用，川菜在传承了巴蜀时期“尚滋味、好辛香”的调味基础上有了进一步发展。清末民初，川菜逐渐形成了自己独特的风味体系。中华人民共和国成立以后，川菜迎来了新的春天，尤其是改革开放以来，川菜在保持特色的前提下兼容并包、改革创新，步入了一个新台阶。

四川地处长江上游，山川纵横交错，造就了川菜独特的内陆特征。四川在历史上经历了多次社会变动和人口迁徙，使川菜融合不同地域特色，形成了独具一格的特性。具体而言，川菜的主要特点是取材广泛、味型多变、技法多样、品类繁多，造就了川菜“百菜百味，一菜一格”的特点。

（1）取材广泛。自古以来就有“扬一益二”的说法，四川更被誉为“天府之国”。其沃野千里、江河纵横，优越的自然条件为川菜提供了丰富、优质的食材。鱼类有雅鱼、江团、鳙鱼、石爬子、鲤鱼、鲶鱼等；山珍有雅江松茸、渠县白菌，甘孜、阿坝出产的虎掌菌、鸡蛋菌、青杠菌，还有青川木耳、通江银耳等；蔬菜更是琳琅满目，如豌豆尖、红油菜薹、莴头、二荆条、青菜头、红皮萝卜、莴笋、儿菜等；鸡、鸭、鹅、鸽子等禽类更是品质上乘；隆昌猪、成华猪、简阳大耳羊、双流麻羊、甘孜和阿坝牦牛等家畜提供了优质肉品。四川山涧地头生长的野菜都成了当代人追求的上等食材，如苕菜、野葱、马齿苋、折耳根、地耳等。川菜不仅取材广泛，更以绿色、健康为基本原则，这一点更是受到食客的推崇。

（2）味型多变。我国自古以来就有五味调和之说，五味分别为酸、甜、苦、辣、咸。川菜把咸味作为底味，加入了花椒的麻味，变成了酸、甜、苦、辣、麻。在此基础上进行组合调配，变化为多种复合味型。四川曾经过多次大规模的人口迁徙，各地区、各民族的饮食习惯、口味、文化相互交流、相互融合，形成了独有的、动态的、丰富的口味。同时，讲究饮食滋味的四川人十分注重培育优良的植物调味品和生产高质量的酿造调味品，自贡的井盐、郫都区的豆瓣、宜宾的芽菜、眉山的泡菜、阆中的保宁醋、中坝的酱油、南充的冬菜、汉源的花椒、成都牧马山的二荆条等，这些高品质的调味品为川菜烹调的味型变化提供了良好的物质基础。外地人对川菜风味特点的认知往往是麻辣，其实这个看法是很片面的。真正川菜的特点是“清鲜见长、麻辣著称、味型多变、适应性强”。当今川菜的发展味型已远远不止经典的 24 味，这就造就了川菜“一菜一格，百菜百味”的特点，值得一提的是，当今川菜虽然清鲜的菜肴占了很大一部分，但是如果没有辣椒，川菜的特色就会大打折扣，正是因为辣椒的运用，才使川菜味型多变而更富有魅力，得到全国广泛食客的喜爱。

（3）技法多样。川菜的烹调方法极具变化，火候运用极为讲究。川菜的烹饪技法大类有接近 30 种，每一类下又分若干种（如炒的烹调手法，又分为生炒、熟炒、滑炒、软炒；熘的烹调手法，又分为炸熘、软熘、滑熘），川菜就是运用多种烹调方法烹制出来的，且每一种技法都各显其妙。其中，最能表现川菜特色的烹饪技法当属小煎小炒、干煸、干烧、家烧。川菜中小煎小炒、一锅成菜的菜肴有很多，如鱼香肉丝、宫保鸡丁等，造就了川菜独有的特色。

（4）品类繁多。川菜主要由菜肴、川式面点小吃、火锅、串串几大类组成，不同类型各具风格，但又相互补充，形成了一个完整的品类体系，能满足各阶层、各地区的食客需求。据不完全统计，川菜已有 5 000 多种，随着餐饮行业的发展，川菜兼容并包，创新速度越来越快，新菜源源不断地涌现，其数量更加可观。现如今川菜品类繁多，有精细的会所菜，也有更具广泛性的大众菜。从派别上分，有学院派川菜，也有江湖派川菜。从地域上分，有本土川菜和海派川菜，本土川菜又可划分为川南地方菜、成都地方菜、重庆地方菜。这些划分和名称，足以表明川菜的品类繁多。

“吃在中国，味在四川”。川菜把中华上下五千年的味道书写得源远流长，成为四川乃至中国的一张响亮名片，成为四川人民友好交往的使者和桥梁。随着中国经济的高速发展，传统的川菜技艺与现代的经营相结合，川菜一定会更好、更快地走进千家万户，走向未来。

工作任务一

鱼香肉丝

知识准备

鱼香肉丝是川菜中影响较大的一道菜[illegible]有雏形，但在众多书籍中并没有出现鱼香味型的记载，这是因为其受到郫县豆瓣出[illegible]出现时间的制约。现如今有一种观点，认为鱼香味型源于自贡威远县的一道下饭[illegible]另一种观点认为其源于四川泡菜鱼。需要说明的是，四川泡菜出现的时间一直没[illegible]，腌制蔬菜出现的时间较早，但四川用这种泡菜汁浸泡的泡菜出现的时间一时难[illegible]泡菜最早的史料是清代嘉庆年间的《竹枝词》。有关四川泡菜具体操作方法的最早[illegible]治、道光年间薛宝辰《素食说略》中陕西风味的部分。道光至光绪年间曾懿的《中[illegible]早的巴蜀泡菜制作方法的记载。

《四川省志·川菜志》认为鱼香肉丝为宣统[illegible]（1911 年）由四川厨师首创，但没有提供资料来源，不可为据。现在看来，鱼香味型的出现是在民国时期。但在民国时期的菜谱中发现，有鱼香味型的菜品并不多。民国时期《俞式空中烹饪》记载有“鱼香四件”，实际上是用鱼香的味型烹制郡肝合炒。同样，《俞式空中烹饪》也记载了著名川菜——鱼香肉丝，主要是用酱油、辣椒粉、姜末、糖、醋、蒜合炒，不用豆瓣酱，用带叶莴笋作料俏。不过，据众多老人回忆，鱼香肉片等菜品在民国时期家常饮食中已经较为常见。20 世纪二三十年代，重庆市面上就有鱼香豆腐的菜品，在抗日战争时期就有了鱼香肉丝。只是以前认为适中楼的老板杜小恬（杜胖子）发明了鱼香味型及鱼香肉丝，应该说目前没有可信的史料支撑这一说法（图 1-1）。

图 1-1　鱼香肉丝

据考证，鱼香味型的出现与鱼辣子、泡鱼海椒的出现有关，可能与威远的假鱼海椒并无关系。“鱼香肉丝”这道菜的名称，最终由蒋介石的厨师在抗日战争时期定名，并流传至今。

一、主料营养

传统制作此菜肴时选用肥瘦比为 2∶8 的去皮猪肉，而目前市面和本书均选用猪里脊肉。猪里脊肉是猪脊骨背部位的瘦肉，营养价值非常丰富，里面含有大量的蛋白质、铜离子，适量地吃一些猪里脊肉可以有效地维持身体内的酸碱平衡，并且具有一定的消除水肿、降低血压的作用，还可以改善贫血状态，起到强筋健骨、安神醒脑的功效。

从中医角度来讲，猪里脊肉性平、味甘，具有补气养血、清热解毒、滋阴补肾的功效，对于便秘、口舌生疮都可以起到辅助治疗作用。

鱼香肉丝菜肴组配如图 1-2 所示。

图 1-2　鱼香肉丝菜肴组配

二、刀工技法

制作鱼香肉丝首先要将猪肉切成片，再将猪肉片切成二粗丝。将青笋切成二粗丝，将水发木耳切成粗丝。此时需要用到平刀法和直刀法（图 1-3、图 1-4）。

图 1-3　平刀法

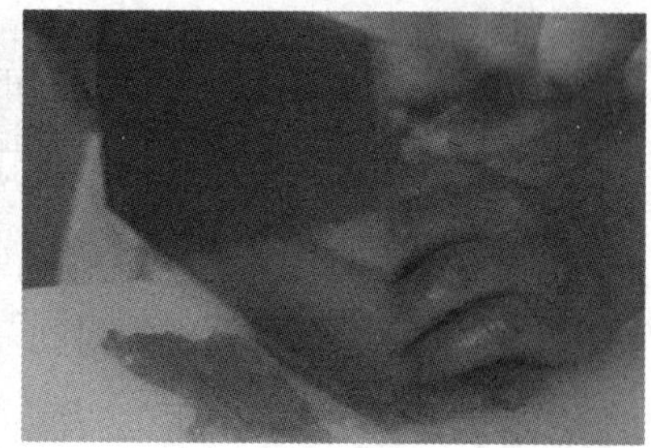

图 1-4　直刀法

平刀法是指刀面与墩面平行，刀保持水平运动的刀法（图 1-3）。运刀要用力平衡，不应此轻彼重，而产生凸凹不平的现象。依据用力方向，这种刀法可分为平刀直片、平刀推片、平刀拉片、平刀抖片、平刀滚料片等。其中，平刀直片是指刀刃与砧板平行切入原料。其适用于易碎的软嫩原料，如豆腐、豆腐干、鸡鸭血。

直刀法就是在操作时刀刃向下，刀身向菜墩做垂直运动的一种运刀方法（图 1-4）。直刀法操作灵活多变，简练快捷，适用范围广。由于原料性质不同、形态要求不同，直刀法又可分为切、剁、斩、砍等几种操作方法。

三、烹调技法

鱼香肉丝的传统做法是急火短炒、一锅成菜，用到了炒的烹调方法，而究其根本是滑炒。

滑炒是以动物性原料作为主料，将其加工成丝、丁、片、条、粒和花形，先码味上浆，兑好味汁，旺火急火快速烹制成菜的烹调方法。滑炒菜肴具有滑嫩清爽、紧汁亮油的特点，适用于无骨的动物性原料，如鸡肉、鱼肉、虾、猪肉、牛肉等。

素养提升

鱼香肉丝为“川菜十大名菜”之一、“省级天府名菜”，被誉为“世界美食”。其选料简单，主要靠调味做到吃“鱼”不见“鱼”，巧用四川独有的泡鱼辣子。擅调味是川菜的灵魂，学习烹饪技术我们应该加强基本功练习，并善于创新。

【任务实施工单】

<table>
<tr><td>任务描述</td><td colspan="4">鱼香肉丝是四川经典名菜。“鱼香味”取自“用烧鱼的配料来制作其他菜肴”而得名。鱼香肉丝常用于佐酒佐餐，多用于大众便餐。
（1）熟悉鱼香肉丝的制作程序。
（2）掌握鱼香肉丝的味型特点。
（3）掌握鱼香肉丝的成菜特点</td></tr>
<tr><td>用料</td><td colspan="4">主料：猪里脊。
辅料：青笋、水发木耳。
调味料：姜米、蒜米、葱花、泡辣椒末、精盐、白糖、酱油、醋、味精、料酒、水淀粉、鲜汤、色拉油</td></tr>
<tr><td>制作过程</td><td colspan="4">（1）猪肉切成长 10 cm、粗 0.3 cm 的二粗丝；青笋切成长 10 cm、粗 0.3 cm 的二粗丝；水发木耳切成粗丝。
（2）猪肉丝装于码斗中，辅料及姜米、蒜米、葱花、泡辣椒末等装于条盘中；青笋加精盐腌味。
（3）猪肉丝加精盐、料酒、水淀粉拌匀上劲。
（4）将精盐、白糖、醋、酱油、味精、鲜汤、水淀粉调成荔枝味感的芡汁。
（5）旺火 150 ℃油温，下肉丝炒散至变色，放入泡辣椒末炒香上色，再下姜米、蒜米、葱花炒出香味，下青笋、木耳炒匀断生，烹入芡汁炒匀，收汁亮油起锅，装盘成菜</td></tr>
<tr><td>成菜特点</td><td colspan="4">色泽红亮，肉质鲜嫩，咸鲜微辣带酸甜，姜葱蒜味浓郁</td></tr>
<tr><td>制作关键</td><td colspan="4">（1）调味：综合考虑各种调味品的具体情况，如酱油、醋的用量及加入时机等。
（2）炒制：肉丝炒制时控制火候，炒散即可下泡辣椒末；注意泡辣椒的炒制程度，火力不宜过大。
（3）上浆：注意上浆的干稀厚薄。
（4）兑汁：根据火力大小，酌情考虑鲜汤、水淀粉用量的变化</td></tr>
<tr><td rowspan="7">考核标准</td><td>序号</td><td>考核项目</td><td>标准分数</td><td>实际得分</td></tr>
<tr><td>1</td><td>成菜效果</td><td>60</td><td></td></tr>
<tr><td>2</td><td>刀工技术</td><td>10</td><td></td></tr>
<tr><td>3</td><td>调味技术</td><td>10</td><td></td></tr>
<tr><td>4</td><td>烹调火候</td><td>10</td><td></td></tr>
<tr><td>5</td><td>完成时间</td><td>10</td><td></td></tr>
<tr><td colspan="3">总分</td><td></td></tr>
<tr><td>学习总结</td><td colspan="4"></td></tr>
<tr><td rowspan="6">任务拓展</td><td colspan="4">根据鱼香肉丝的制作方法，从配料、味型等方面进行创新，写下创新菜肴的用料、制作过程、成菜特点和制作关键，并拍下创新菜肴的图片</td></tr>
<tr><td colspan="2">1. 改变主料可制作如鱼香肝片、鱼香虾仁等菜品</td><td colspan="2" rowspan="5"></td></tr>
<tr><td colspan="2">2. 没有泡辣椒，可使用郫县豆瓣代替</td></tr>
<tr><td colspan="2"></td></tr>
<tr><td colspan="2"></td></tr>
<tr><td colspan="2"></td></tr>
</table>

豆瓣鲜鱼

知识准备

豆瓣鲜鱼是四川地区的传统名菜，属于川菜系。豆瓣鲜鱼的出现得益于四川特殊调味料——郫县豆瓣酱的兴起，可以说豆瓣鲜鱼离不开郫县豆瓣那与众不同的酱香味，在烹制豆瓣鲜鱼时，将酱香浓郁、油亮滋润的郫县豆瓣，加以辛香味的姜、葱、蒜，在细腻刀工和精准的火力加持下，烹饪出来的豆瓣鲜鱼色泽红亮，肉质细嫩，豆瓣味浓郁芳香，咸鲜微辣，略带甜酸，再没有胃口的人都会被这美味勾得多吃一碗饭。

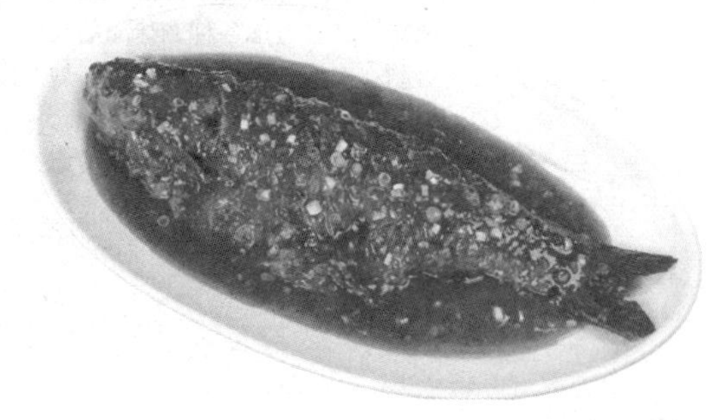
图 1-5　豆瓣鲜鱼

在四川地区，下一碗面条辅以吃完豆瓣鲜鱼的作料又是难得的一种美食体验，更有一说，鱼香肉丝的鱼香味就是根据豆瓣鲜鱼的味型发展而来（图 1-5）。

一、主料营养

本道菜的主要原料为我国淡水养殖的四大家鱼之一的草鱼，草鱼含有维生素 B_1、维生素 B_2、烟酸、不饱和脂肪酸，以及钙、磷、铁、锌、硒等，是温中补虚的养生食品，有滋补开胃、护发养颜、保护眼睛的功效。

（1）滋补开胃：草鱼肉嫩而不腻，有开胃滋补的功效，适合营养不良、食欲缺乏的人群食用。

（2）护发养颜：草鱼中的蛋白质经肠胃消化、吸收后会形成各种氨基酸，这些氨基酸是合成头发角蛋白的重要成分，而且草鱼中的硒元素含量丰富，有美容养颜的功效。

（3）保护眼睛：草鱼中含有维生素 A、维生素 E，这些成分能帮助保护眼睛，改善夜盲症，缓解用眼疲劳引起的眼部酸胀、流泪、干涩等症状。

图 1-6　豆瓣鲜鱼菜肴组配

豆瓣鲜鱼菜肴组配如图 1-6 所示。

二、刀工技法

宰杀好的鱼，要在鱼背上剞刀。剞刀法又称花刀法，是指在加工后的坯料上，以斜刀法、直刀法等为基础，将某些原料制成特定平面图案或刀纹时所使用的综合运刀方法。

剞刀法主要用于美化原料，是技术性更强、要求更高的综合性刀法。在具体操作中，由于运刀方向和角度的不同，剞刀法又可分为直刀剞、斜刀剞、平刀剞等。剞刀法适用于质地脆嫩、柔韧、收缩性大、形大体厚的原料，如腰、肚、肾、鱿鱼、鱼肉等。剞刀法还用于将笋、姜、萝卜等脆性植物原样制成花、鸟、虫、鱼等各种平面图案。

三、烹调技法

豆瓣鲜鱼的烹制用到的烹调方法是烧。烧就是将经过加工切配后的原料，直接或熟处理后加入适量的汤汁和调味品，先用旺火加热至沸腾，再改用中火或小火加热至成熟并入味成菜的烹调方法。按工艺特点和成菜风味，烧可分为红烧、白烧和干烧三种。

豆瓣鲜鱼属于典型的红烧菜肴。红烧是指将加工切配后的原料经过初步熟处理，放入锅内，加入鲜汤、有色调味品等，用大火加热至沸腾后，改用中火或小火加热至熟，直接或勾芡收汁成菜的烹调方法。红烧的菜肴具有色泽红亮、质地细嫩或熟软、鲜香味厚的特点。红烧菜肴选料广泛，河鲜海味、家禽家畜、豆制品、植物类等原料都适合红烧。

素养提升

豆瓣鲜鱼是四川地区传统特色名菜，是用鲜鱼和豆瓣辅以其他调味料烹制而成的，豆瓣被誉为“川菜之魂”，至今已有300多年的历史，为非物质文化遗产产品，目前豆瓣深加工产品丰富：豆瓣油、豆瓣粉、豆瓣蘸料、豆瓣巧克力、豆瓣慕斯……烹任是科学、是文化、是艺术，中华烹任博大精深，我们在学习烹任、研究烹任的过程中，应该不浮不躁、潜心学习、继承发扬，为弘扬中华美食文化尽自己的绵薄之力。

【任务实施工单】

<table>
<tr><td>任务描述</td><td colspan="4">豆瓣鲜鱼因使用四川独特调味品郫县豆瓣而得名，是川菜中最典型的家常风味菜肴，适用于各类宴席，佐酒、佐饭均可。
（1）熟悉豆瓣鲜鱼的制作程序。
（2）掌握豆瓣鲜鱼的味型特点。
（3）掌握豆瓣鲜鱼的成菜特点。
（4）掌握红烧的烹调制作方法</td></tr>
<tr><td>用料</td><td colspan="4">主料：草鱼。
调味料：姜片、葱段、姜米、蒜米、葱花、郫县豆瓣、精盐、味精、白糖、酱油、醋、料酒、鲜汤、水淀粉、色拉油</td></tr>
<tr><td>制作过程</td><td colspan="4">（1）草鱼去鳞、去鳃、去内脏，清洗整理干净；鱼身两面各剞 5 刀。
（2）鱼用精盐、料酒、姜片、葱段码味。
（3）锅中放油，烧至 220 ℃，下鱼炸至皮酥、色浅黄时捞出。
（4）锅中留油，烧至 120 ℃，下郫县豆瓣炒香上色，加姜米、蒜米炒香，掺入鲜汤；下鱼、白糖、酱油、精盐、料酒、醋，烧至鱼回软刚熟时捞出入盘；用水淀粉勾芡，待汤汁收浓，加入葱花，淋入醋，和匀起锅淋在鱼身上</td></tr>
<tr><td>成菜特点</td><td colspan="4">色泽红亮，咸鲜微辣，略带酸甜，鱼肉鲜嫩，形整不烂</td></tr>
<tr><td>制作关键</td><td colspan="4">（1）剞刀靠近鱼背，刀口深度不宜超过 3 mm，鱼身刀口数不超 5 个。
（2）为使鱼快速定型，达到形整不烂的效果，炸制油温宜高、时间宜短（3 min），鱼下锅后 30 s 再翻动。
（3）豆瓣炒制温度应控制在 120 ℃左右，既保证豆瓣炒香油红，又不焦锅。豆瓣炒香上色后再加入姜米、葱花、蒜米炒出香味。
（4）烧鱼火候：小火烧至入味，保持鱼形完整。
（5）勾芡：小火、汤微沸勾浓二流芡</td></tr>
<tr><td rowspan="7">考核标准</td><td>序号</td><td>考核项目</td><td>标准分数</td><td>实际得分</td></tr>
<tr><td>1</td><td>成菜效果</td><td>60</td><td></td></tr>
<tr><td>2</td><td>刀工技术</td><td>10</td><td></td></tr>
<tr><td>3</td><td>调味技术</td><td>10</td><td></td></tr>
<tr><td>4</td><td>烹调火候</td><td>10</td><td></td></tr>
<tr><td>5</td><td>完成时间</td><td>10</td><td></td></tr>
<tr><td colspan="3">总分</td><td></td></tr>
<tr><td>学习总结</td><td colspan="4"></td></tr>
<tr><td rowspan="7">任务拓展</td><td colspan="4">根据豆瓣鲜鱼的制作方法，从配料、味型等方面进行创新，写下创新菜肴的用料、制作过程、成菜特点和制作关键，并拍下创新菜肴的图片</td></tr>
<tr><td colspan="2">变主料可制作：豆瓣桂鱼、豆瓣鲶鱼、豆瓣鲤鱼</td><td colspan="2" rowspan="6"></td></tr>
<tr><td colspan="2">改变形态或添加辅料可制作豆瓣鱼条、瓦块鱼、豆瓣菊花鱼等</td></tr>
<tr><td colspan="2">味型变化：制作藿香鲫鱼、太安鱼、豆腐鱼等</td></tr>
<tr><td colspan="2"></td></tr>
<tr><td colspan="2"></td></tr>
<tr><td colspan="2"></td></tr>
</table>

工作任务三

宫保鸡丁

知识准备

川菜中的宫保鸡丁是一道很有故事和传奇色彩的菜品，使我们一时难以分清历史的真假。

其实，用爆炒方式烹饪鸡丁之法出现较早，早在元代《居家必用事类全集》中就记载了川炒鸡丁："每只洗净，剁作事件。炼香油三两，炒肉，入葱丝、盐半两。炒七分熟，用酱一匙，同研烂胡椒、川椒、茴香，入水一大碗，下锅煮熟为度。加好酒些小为妙。"往后各朝代均有炒鸡的记载。

学术界对宫保鸡丁起源说法众多。《川菜烹饪事典》认可的传统说法：曾任山东巡抚的贵州人丁宝桢曾加为"太子少保"，简称"丁宫保"，其家厨用山东火爆之法烹制鸡丁，来川后将其烹饪方式传入。此说法流传最广，影响最大。其他说法有：一说是巴蜀百姓向四川总督丁宝桢献其喜欢食用的鸡丁，故称宫保鸡丁；一说是丁宝桢在任四川总督时民间查访此烹饪法令家厨仿之而成；一说是丁宝桢入川时下属接风宴中献食；一说是丁宝桢家厨所烹饪来接待客人；一说是丁宝桢家厨临时为自己制作而成名。李劼人《大波》一书中谈到丁宝桢喜食老家贵州油炸糊辣子炒鸡丁，到四川时仍延此法炒鸡丁，后人以宫保鸡丁名之。但是李氏仅是一个文学家，在《大波》里面也没有点明此菜的来源出处，仍然存疑。吴正格先生考证认为更可能是来源于贵州贵阳的丁家鸡，也可能与山东一道酱爆鸡丁有关，早期并不放辣椒。看来，在传统川菜中，宫保鸡丁（肉丁）可能是历史上最富有传奇、最有故事的一道菜。从众多历史故事中，我们可以看出这道菜出现在清末民初，来源可能确实与山东、江浙、贵州移民饮食文化有关，可能也与丁宝桢关系密切。至于熊四智等的《川食奥秘》中认为宫保鸡丁分别存有山东、贵州、四川风味，显现的是丁宝桢分别在三地的不同创造所形成的，可能仅是一种推测，缺乏明确的史料支持。总之，宫保鸡丁这道菜成为世界美食，点亮了川菜的名片（图 1-7）。

图 1-7　宫保鸡丁

一、主料营养

宫保鸡丁的主要原料为鸡腿肉，也有地方用鸡胸肉。鸡肉含有维生素 C、维生素 E 等，蛋白质的含量比例较高、种类多，而且消化率高，很容易被人体吸收利用，有增强体力、强壮身体的作用。另外，鸡肉还含有对人体生长发育有重要作用的磷脂类，是中国人膳食结构中脂肪和磷脂的重要来源之一。鸡肉对营养不良、畏寒怕冷、乏力疲劳、月经不调、贫血、虚弱等有很好的食疗作用。中医学认为，鸡肉有温中益气、补虚填精、健脾胃、活血脉、强筋骨的功效。

图 1-8　宫保鸡丁菜肴组配

宫保鸡丁菜肴组配如图 1-8 所示。

二、刀工技法

制作宫保鸡丁，首先要将鸡腿都斩成鸡丁，此时需要使用直刀法中的斩。

斩是指从原料上方垂直向下猛力运刀断开原料的方法。斩适用于带骨但骨质并不十分坚硬的原料，如鸡、鸭、鱼、排骨等。要求：以小臂用力，刀提高至与前胸平齐。运刀时看准位置，落刀敏捷、利落，一刀两断。斩有骨的原料时，肉多骨少的一面在上，骨多肉少的一面在下，使带骨部分与菜墩接触，容易断料，同时又避免将肉砸烂（图 1-9）。

图 1-9　鸡腿斩成鸡丁

三、烹调技法

宫保鸡丁传统做法是急火短炒、一锅成菜，用到了炒的烹调方法，而究其根本是滑炒。

滑炒是以动物性原料作为主料，将其加工成丝、丁、片、条、粒和花形，先码味上浆，兑好味汁，旺火急火快速烹制成菜的烹调方法。滑炒菜肴具有滑嫩清爽、紧汁亮油的特点，适用于无骨的动物性原料，如鸡肉、鱼肉、虾、猪肉、牛肉等。

素养提升

宫保鸡丁的起源虽然存在很多故事版本和争议，但正是这些争议才能说明其重要性。在川菜中，宫保鸡丁选料精细，一定要用仔公鸡鸡腿肉，配以酥花生，调以荔枝味，呛香干辣椒、干花椒，最终呈现出糊辣荔枝味。改变主辅料能做出很多创新菜品。例如：主料可选高档的鲜贝或虾仁，配料可用腰果、夏威夷果等；也可选用平价的肉丁，配料加以蔬菜丁等，制作出平价产品。所以在烹饪的学习过程中，只要把握烹饪的原理，就可以进行多维度的创新。

【任务实施工单】

<table>
<tr><td>任务描述</td><td colspan="4">宫保鸡丁是川菜中经典菜肴之一，其独有的糊辣荔枝味更是被全球美食爱好者追捧。
（1）熟悉宫保鸡丁的制作程序。
（2）掌握宫保鸡丁的味型特点。
（3）掌握宫保鸡丁的成菜特点</td></tr>
<tr><td>用料</td><td colspan="4">主料：净鸡腿肉。
辅料：酥花生。
调味料：干辣椒节、花椒、姜片、蒜片、弹子葱、精盐、酱油、醋、白糖、料酒、味精、鲜汤、水淀粉、色拉油</td></tr>
<tr><td>制作过程</td><td colspan="4">（1）鸡腿肉切成 1.5 cm 见方的丁。
（2）鸡丁加精盐、料酒、酱油、水淀粉拌匀上劲。
（3）精盐、白糖、醋、酱油、味精、鲜汤、水淀粉调成荔枝味芡汁。
（4）锅中留油，旺火烧至 150 ℃，下干辣椒节、花椒炒香成棕红色；放入鸡丁炒至变散、变色；放入姜片、蒜片、弹子葱炒出香味；烹入芡汁，炒匀，收汁亮油，下花生仁炒匀，起锅装盘</td></tr>
<tr><td>成菜特点</td><td colspan="4">色泽棕红、质地滑嫩酥脆、咸鲜微带甜酸、糊辣味浓郁</td></tr>
<tr><td>制作关键</td><td colspan="4">（1）注意白糖和醋的比例关系，以及它们所体现的味感层次。
（2）鸡丁采用现上浆现烹制，不宜久放。
（3）注意干辣椒不要炒焦；采用兑味汁芡，缩短烹调时间；芡汁下锅时要注意使用中火收汁</td></tr>
<tr><td rowspan="7">考核标准</td><td>序号</td><td>考核项目</td><td>标准分数</td><td>实际得分</td></tr>
<tr><td>1</td><td>成菜效果</td><td>60</td><td></td></tr>
<tr><td>2</td><td>刀工技术</td><td>10</td><td></td></tr>
<tr><td>3</td><td>调味技术</td><td>10</td><td></td></tr>
<tr><td>4</td><td>烹调火候</td><td>10</td><td></td></tr>
<tr><td>5</td><td>完成时间</td><td>10</td><td></td></tr>
<tr><td colspan="3">总分</td><td></td></tr>
<tr><td>学习总结</td><td colspan="4"></td></tr>
<tr><td rowspan="8">任务拓展</td><td colspan="4">根据宫保鸡丁的制作方法，从配料、味型等方面进行创新，写下创新菜肴的用料、制作过程、成菜特点和制作关键，并拍下创新菜肴的图片</td></tr>
<tr><td colspan="2">改变主料可制作宫保肉丁、宫保兔丁、宫保鲜贝、宫保虾仁等菜品</td><td colspan="2" rowspan="7"></td></tr>
<tr><td colspan="2">改变刀工形状可制作宫保兔花、宫保肉花、宫保腰块、宫保凤脯等菜品</td></tr>
<tr><td colspan="2">根据主料不同，综合考虑成菜色泽及味感要求，准确掌握有色调味品的用量及麻辣酸甜程度</td></tr>
<tr><td colspan="2"></td></tr>
<tr><td colspan="2"></td></tr>
<tr><td colspan="2"></td></tr>
<tr><td colspan="2"></td></tr>
</table>

工作任务四

回锅肉

知识准备

回锅肉的由来和祖先祭祀有关。在帝王和大户人家，祭鬼神要用牛、羊、猪三种动物；而一般的老百姓，只能从集市上买一块“二刀”肉，即半肥瘦带皮的猪坐臀肉，放在锅里不加调味料，白水煮到七八分熟，再用于祭祀。礼成，这块稀缺的肉又不能浪费，聪明的祖先就想出了用蒜苗或红椒、大头菜将它回锅爆炒。肥瘦相间的猪肉切成大而薄的肉片，在烧红的锅里倒入适量的菜籽油和猪油，制作成混合油后倒入肉片，肉片在爆炒之后变成了半卷的肉片，四周微卷，形似灯盏窝，片刻之后再下郫县豆瓣、甜面酱、红酱油、蒜苗，亮油后起锅。亮晶晶、油汪汪的肉片夹在蒜苗、红椒或大头菜丝之间，扑鼻的香味能让满院子的人都闻到。自此回锅肉流传了下来，并且成为诸多川菜中最大众化且最具人气的菜品。

后来这道菜成为四川人初一、十五打牙祭的当家菜；当时的做法多是先白煮、再爆炒。而清末时成都有位姓凌的翰林，因宦途失意退隐家居，潜心研究烹饪。他将先煮后炒的回锅肉改为先将猪肉去腥味，以隔水容器密封的方法蒸熟后再煎炒成菜；因为久蒸至熟，从而减少了可溶性蛋白质的损失，保持了肉质的浓郁鲜香，原味不失，色泽红亮。自此，名噪一时的回锅肉便流传开来（图 1-10）。

图 1-10　回锅肉

一、主料营养

回锅肉的主要原料为猪坐臀肉，以“二刀”最佳，猪肉是我国（除伊斯兰教外）居民的主要肉食来源。

猪肉的蛋白质属优质蛋白质，含有人体全部必需氨基酸。猪肉富含铁，是人体血液中红细胞生成和功能维持所必需的元素。猪肉是维生素的主要膳食来源，特别是精猪肉中维生素 B_1 的含量丰富。猪肉中还含有较多对脂肪合成和分解有重要作用的维生素 B_2。多吃猪肉有增强免疫力、改善贫血、促进发育等功效。

回锅肉菜肴组配如图 1-11 所示。

图 1-11 回锅肉菜肴组配

二、刀工技法

制作回锅肉，首先将煮熟的猪肉切成片，此时要用到直刀法。

直刀法就是在操作时刀刃向下，刀身向菜墩做垂直运动的一种运刀方法。直刀法操作灵活多变，简练快捷，适用范围广。由于原料性质及形态要求的不同，直刀法又可分为切、剁、斩、砍等几种操作方法。回锅肉用到的是切的刀法，即左手按住原料，右手持刀，近距离从原料上部向原料底部做垂直运动的一种直刀法。切时以腕力为主，小臂力为辅。切一般用于植物原料和无骨的动物原料，切可分为直切、推切、拉切、推拉切、滚刀切。此道菜肴中用到的是推切（图 1-12）。

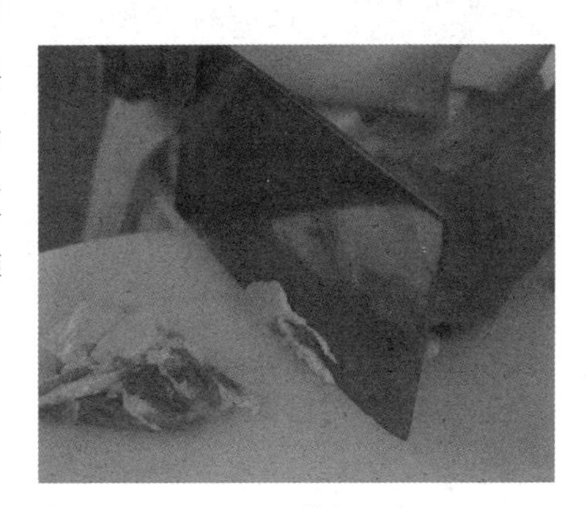

图 1-12 推切猪肉

三、烹调技法

回锅肉用到的烹调技法是炒，炒又可分为生炒、滑炒、熟炒、软炒，回锅肉运用的是熟炒的烹调法。

熟炒是指经过初步熟处理的原料，经加工切配后，放入锅内加热至干香滋润或鲜香细嫩，再加入调、辅料烹制成菜的烹调方法。熟炒的菜肴具有酥香滋润、亮油不见汁的特点。熟炒的原料一般选用新鲜无异味的动物原料和香肠、腌肉、酱肉等再制品及香辛味浓、质地脆嫩的根茎类植物原料。

素养提升

回锅肉选料普通，制作工艺简单，被誉为“川菜中的一枝花”，“四川回锅肉”被评为“中国菜”“四川十大经典名菜”，如今不仅誉满全国，而且被国外来宾誉为“中国名肴”。在 2023 年世界大学生运动会中，习近平总书记宴请各国领导人就有这道经典的川菜，并且被总书记点名表扬。在烹饪学习中，我们应该传承发扬，向世界推广中华饮食文化，讲好中华饮食文化故事，让世界爱上中国味。

【任务实施工单】

<table>
<tr><td>任务描述</td><td colspan="4">回锅肉在四川又称“熬锅肉”，被誉为“川菜之首”，提到川菜必然想到回锅肉。
（1）熟悉回锅肉的制作程序。
（2）掌握回锅肉的味型特点。
（3）掌握回锅肉的成菜特点</td></tr>
<tr><td>用料</td><td colspan="4">主料：带皮猪坐臀肉。
辅料：蒜苗。
调味料：郫县豆瓣、酱油、甜面酱、精盐、白糖、味精、色拉油</td></tr>
<tr><td>制作过程</td><td colspan="4">（1）熟处理：猪肉入冷水锅中，用中火煮断生捞出晾凉。
（2）刀工：猪肉切成片（6 cm × 4 cm × 0.2 cm）；蒜苗切成马耳朵形。
（3）烹制：锅炙好，留油烧至 150 ℃，放入肉片、精盐炒至起“灯盏窝”，油变清亮；加郫县豆瓣炒香上色，再加甜面酱炒香，加入蒜苗、酱油、精盐、白糖、味精炒匀、起锅装盘</td></tr>
<tr><td>成菜特点</td><td colspan="4">色泽红亮、干香滋润、咸鲜香辣、家常味浓</td></tr>
<tr><td>制作关键</td><td colspan="4">（1）选料：一定要选坐臀肉。
（2）熟处理：煮肉时间控制在 20 min 以内（猪肉完全解冻后）。
（3）刀工：肉片大小、厚薄要均匀。
（4）火候：用中、小火将肉片炒至起“灯盏窝”，油变清亮时才加郫县豆瓣炒制。
（5）调味：根据郫县豆瓣的色泽和咸味决定加精盐、酱油的量；控制好糖的用量，加糖以微甜为好</td></tr>
<tr><td rowspan="7">考核标准</td><td>序号</td><td>考核项目</td><td>标准分数</td><td>实际得分</td></tr>
<tr><td>1</td><td>成菜效果</td><td>60</td><td></td></tr>
<tr><td>2</td><td>刀工技术</td><td>10</td><td></td></tr>
<tr><td>3</td><td>调味技术</td><td>10</td><td></td></tr>
<tr><td>4</td><td>烹调火候</td><td>10</td><td></td></tr>
<tr><td>5</td><td>完成时间</td><td>10</td><td></td></tr>
<tr><td colspan="3">总分</td><td></td></tr>
<tr><td>学习总结</td><td colspan="4"></td></tr>
<tr><td rowspan="9">任务拓展</td><td colspan="4">根据回锅肉的制作方法，从配料、味型等方面进行创新，写下创新菜肴的用料、制作过程、成菜特点和制作关键，并拍下创新菜肴的图片</td></tr>
<tr><td colspan="2">改变或添加主、辅料可制作回锅腊肉、回锅香肠、回锅牛肉等菜品</td><td colspan="2" rowspan="8"></td></tr>
<tr><td colspan="2">改变烹制方法可制作回锅鱼片、回锅羊肉、回锅牛蛙等菜品</td></tr>
<tr><td colspan="2">改变辅料可选用甜椒、莲白、青椒、洋葱、蒜薹、大葱、盐菜、土豆、锅盔等</td></tr>
<tr><td colspan="2"></td></tr>
<tr><td colspan="2"></td></tr>
<tr><td colspan="2"></td></tr>
<tr><td colspan="2"></td></tr>
<tr><td colspan="2"></td></tr>
</table>

干烧鲜鱼

干烧鲜鱼是川菜具有代表性的菜品，运用了干烧的烹调技法，并且它在制作中加入四川特有的调味品——芽菜、泡椒，成菜后形成特殊风味，深受人们欢迎。但它的出名源自国画美食大师张大千，故有“大千干烧鱼”一说。

张大千不仅在国画上造诣深，在厨艺上也造诣非凡。他曾说过：“以艺事而论，我善烹调，更在画艺之上。”他对美食很有研究，也很认真，不仅亲自下厨，还亲笔书写菜单，那些菜单后来曾拍出近百万美元的价格，可谓世界上最贵的菜单，也成了中华美食的一个传奇。张大千从小就很喜欢吃母亲做的豆瓣鲜鱼。豆瓣鲜鱼是用鲜鱼加豆瓣酱烧制而成的。在旅居生涯中，因条件所限，鲜鱼很难得，于是他改进了烹饪方法，把鱼稍加码味腌制，适当拍淀粉，在油锅里煎炸脱水，再加五花肉丁、香菇丁、笋丁、姜、蒜、豆瓣酱烧制，最后收干汤汁，重油无芡，颜色红亮，干香爽口，独具特色（图 1-13）。

图 1-13　干烧鲜鱼

一、主料营养

干烧鲜鱼的主要原料为我国淡水养殖的四大家鱼之一的草鱼，草鱼含有维生素 B_1、维生素 B_2、烟酸、不饱和脂肪酸，以及钙、磷、铁、锌、硒等，是温中补虚的养生食品，有滋补开胃、保护眼睛、护发养颜的功效。

（1）滋补开胃：草鱼肉嫩而不腻，有开胃滋补的功效，适合营养不良、食欲不振的人群食用。

（2）护发养颜：草鱼中的蛋白质经肠胃消化、吸收后会形成各种氨基酸，这些氨基酸是合成头发蛋白的重要成分，而且草鱼中的硒元素含量丰富，有美容养颜的功效。

（3）保护眼睛：草鱼中含有维生素A、维生素E，这些成分能帮助保护眼睛，改善夜盲症，缓解用眼疲劳引起的眼部酸胀、流泪。

干烧鲜鱼菜肴组配如图1-14所示。

图1-14　干烧鲜鱼菜肴组配

二、刀工技法

宰杀好的鱼，要在鱼背上剞刀。剞刀法又称花刀法，是指在加工后的坯料上，以斜刀法、直刀法等为基础，将某些原料制成特定平面图案或刀纹时所使用的综合运刀方法。

剞刀法主要用于美化原料，是技术性更强、要求更高的综合性刀法。在具体操作中，由于运刀方向和角度的不同，剞刀法又可分为直刀剞、斜刀剞、平刀剞等。剞刀法适用于质地脆嫩、柔韧、收缩性大、形大体厚的原料，如腰、肚、肾、鱿鱼、鱼肉等。剞刀法还用于将笋、姜、萝卜等脆性植物原样制成花、鸟、虫、鱼等各种平面图案。

三、烹调技法

干烧鲜鱼用到的烹调方法是烧中的一种，即干烧。

干烧是指将加工切配后的原料，经过初步熟处理后，用中小火加热将汤汁收干亮油，以便滋味渗入原料内部的烹调方法。干烧成菜不用水淀粉勾芡。干烧菜肴具有色泽金黄、质地细嫩、鲜香亮油的特点。干烧适合鱼翅、海参、猪肉、牛肉、鹿肉、蹄筋、鱼、虾、鸡、鸭、兔，以及根茎类、豆瓜类蔬菜原料。

素养提升

干烧鲜鱼选料普通，为常见淡水鱼，但其做法讲究，并创造了川菜中特有的干烧技法，改变其主料可做成干烧辽参、干烧大虾等，著名艺术家张大千尤爱干烧鲜鱼，固有“大千干烧鱼”一说。干烧要求做到菜品干香滋润，不勾芡自然收汁亮油。我们做烹任要守正、创新，并且要融会贯通，利用简单的食材，采用不同的烹调方法和调味，做出不同的菜品。这也是川菜的精华，中华饮食文化的精髓。

【任务实施工单】

<table>
<tr><td>任务描述</td><td colspan="4">干烧鲜鱼为川菜中具有代表性的菜品，为张大千特别钟爱的美食之一，故有“大千干烧鱼”一说。
（1）熟悉干烧鲜鱼的制作程序。
（2）掌握干烧鲜鱼的味型特点。
（3）掌握干烧鲜鱼的成菜特点</td></tr>
<tr><td>用料</td><td colspan="4">主料：草鱼。
辅料：猪肥瘦肉末、芽菜。
调味料：泡椒段、姜片、姜米、蒜米、葱段、酱油、精盐、味精、胡椒粉、料酒、鲜汤、香油、色拉油</td></tr>
<tr><td>制作过程</td><td colspan="4">（1）初加工：草鱼宰杀，去鳞、去鳃、去内脏后，用清水洗净，鱼体两侧各剞三刀。
（2）码味：鱼用精盐、姜片、葱段、料酒码味。
（3）过油：鱼放入 220 ℃的热油锅中旺火炸至定型、皮黄、水分较干时捞起备用。
（4）烹制：锅内留油烧热至 120 ℃，放入猪肉末煸干香，加入酱油、精盐、料酒炒上色后起锅入碗中待用。锅内再留油，烧热至 120 ℃，放入泡椒段、葱段、姜米、蒜米炒香，掺入鲜汤，放入精盐、味精、胡椒粉、料酒、酱油、草鱼、猪肉末、芽菜调味，改小火烧制，待收干汁水、鱼肉回软熟透时，下香油和匀起锅装入盘中</td></tr>
<tr><td>成菜特点</td><td colspan="4">色泽棕红，味道咸鲜醇厚，鱼肉细嫩入味</td></tr>
<tr><td>制作关键</td><td colspan="4">（1）过油，炸鱼时油温要 220 ℃以上；色泽和水分要符合要求。
（2）烧制鱼时火力要小，鱼肉要烧回软入味且保证鱼体完整，不勾芡，自然收汁。
（3）用糖色调色最好，注意糖色老嫩和用量</td></tr>
<tr><td rowspan="7">考核标准</td><td>序号</td><td>考核项目</td><td>标准分数</td><td>实际得分</td></tr>
<tr><td>1</td><td>成菜效果</td><td>60</td><td></td></tr>
<tr><td>2</td><td>刀工技术</td><td>10</td><td></td></tr>
<tr><td>3</td><td>调味技术</td><td>10</td><td></td></tr>
<tr><td>4</td><td>烹调火候</td><td>10</td><td></td></tr>
<tr><td>5</td><td>完成时间</td><td>10</td><td></td></tr>
<tr><td colspan="3">总分</td><td></td></tr>
<tr><td>学习总结</td><td colspan="4"></td></tr>
<tr><td rowspan="7">任务拓展</td><td colspan="4">根据干烧鲜鱼的制作方法，从配料、味型等方面进行创新，写下创新菜肴的用料、制作过程、成菜特点和制作关键，并拍下创新菜肴的图片</td></tr>
<tr><td colspan="2">改变主料可制作干烧鳜鱼、干烧鲫鱼、干烧鲶鱼、干烧岩鲤、干烧海参、干烧蹄筋等菜品</td><td colspan="2" rowspan="6"></td></tr>
<tr><td colspan="2">改变味型可调制家常味、香辣味等，如重庆干烧鱼、香辣鱼段等菜品</td></tr>
<tr><td colspan="2"></td></tr>
<tr><td colspan="2"></td></tr>
<tr><td colspan="2"></td></tr>
<tr><td colspan="2"></td></tr>
</table>

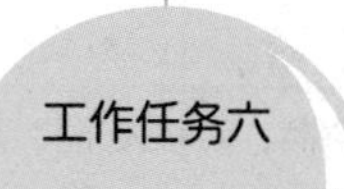

麻婆豆腐

知识准备

陈麻婆豆腐始创于清朝同治元年（1862 年），开创于成都外北万福桥边，原名“陈兴盛饭铺”。女老板面上微麻，人称陈麻婆，当年的万福桥是一道横跨府河、不长却相当宽的木桥，桥上常有贩夫走卒，推车、抬轿下苦力之人在此歇脚、打尖。光顾“陈兴盛饭铺”的主要是挑油的脚夫。这些人经常是买点豆腐、牛肉，再从油篓子里舀些菜油要求老板娘代为加工。日子一长，陈氏对烹制豆腐有了一套独特的烹饪技巧，烹制豆腐色味俱全、不同凡响，深得人们喜爱，陈氏所烹豆腐由此扬名，求食者趋之若鹜。清末就有诗为证：“麻婆陈氏尚传名，豆腐烘来味最精。万福桥边帘影动，合沽春酒醉先生”。文人骚客常会于此。有好事者观其老板娘面上麻痕便戏之为陈麻婆豆腐。此言不胫而走、遂为美谈。饭铺因此冠名为“陈麻婆豆腐”（图 1-15）。

图 1-15　麻婆豆腐

一、主料营养

豆腐营养丰富，含有大量优质蛋白，其蛋白质的氨基酸组成与动物性蛋白质相似，而且人体对豆腐的消化吸收率非常高，达到 95% 以上。除此之外，豆腐中含有丰富的维生素、植物固醇、不饱和脂肪酸、大豆异黄酮、皂素、卵磷脂、糖类及微量元素钙、铁、磷、钾、镁、锌、硒等营养成分。豆腐是一种高蛋白、低脂肪的营养食品，经常食用有利于补充身体所需的各种营养素。还有补脑、促进脑部发育、改善更年期综合征、预防心脑血管疾病、预防癌症等功效。

麻婆豆腐菜肴组配如图 1-16 所示。

图 1-16　麻婆豆腐菜肴组配

二、刀工技法

麻婆豆腐使用的是直刀法，就是在操作时刀刃向下，刀身向菜墩做垂直运动的一种运刀方法。直刀法操作灵活多变，简练快捷，适用范围广。由于原料性质及形态要求不同，直刀法又可分为切、剁、斩、砍等几种操作方法。

三、烹调技法

烧就是将经过加工切配后的原料，直接或熟处理后加入适量的汤汁和调味品，先用旺火加热至沸腾，再改用中火或小火加热至成熟并入味成菜的烹调方法。按工艺特点和成菜风味，烧可分为红烧、白烧和干烧三种。

麻婆豆腐属于典型的红烧菜肴。红烧是指将加工切配后的原料经过初步熟处理，放入锅内，加入鲜汤、有色调味品等，先用大火加热至沸腾后，改用中火或小火加热至熟，直接或勾芡收汁成菜的烹调方法。红烧的菜肴具有色泽红亮、质地细嫩或熟软、鲜香味厚的特点。红烧菜肴选料广泛，河鲜海味、家禽家畜、豆制品、植物类等原料都适合红烧。

素养提升

麻婆豆腐是“四川十大经典名菜”，川菜特色菜的代表，选料为普通的豆腐和牛肉末，但通过烹调，成为流传百年的美食，被评为“中国菜”，其特点突出，归纳总结为八个字：麻、辣、酥、香、鲜、嫩、烫、整 。要做好麻婆豆腐需要极强的功底，很多餐馆做出来形似但不神似，所以学习烹饪一定要潜心练习基本功，只要基本功扎实，有理论知识做支持，再加以融会贯通，必成工匠大家。

【任务实施工单】

<table>
<tr><td>任务描述</td><td colspan="4">麻婆豆腐为川菜中具有代表性的经典菜品，最适宜佐饭。
（1）熟悉麻婆豆腐的制作程序。
（2）掌握麻婆豆腐的味型特点。
（3）掌握麻婆豆腐的成菜特点</td></tr>
<tr><td>用料</td><td colspan="4">主料：豆腐。
辅料：牛肉末、蒜苗。
调味料：郫县豆瓣、辣椒粉、花椒粉、豆豉、味精、酱油、精盐、鲜汤、水淀粉、色拉油</td></tr>
<tr><td>制作过程</td><td colspan="4">（1）豆腐切成 1.8 cm 见方、蒜苗切马耳朵形；豆豉剁成蓉。
（2）豆腐块入煮沸的盐水中（水 1 000 g、精盐 10 g）煮沸，倒入盆中，浸泡 10 min 备用，牛肉末炒香酥后装入盘中待用。
（3）锅中留油，烧至 120 ℃，下郫县豆瓣炒香出色，下豆豉蓉炒香，下入辣椒粉炒香出色，掺入鲜汤，放入豆腐、牛肉臊、味精、酱油烧开改小火，烧入味，用水淀粉分次勾芡，收浓亮油，蒜苗在最后一次勾芡前放入，起锅盛入盘中，撒上花椒粉即成</td></tr>
<tr><td>成菜特点</td><td colspan="4">色泽红亮，麻、辣、鲜、香、烫、嫩、酥、活，豆腐形态完整</td></tr>
<tr><td>制作关键</td><td colspan="4">（1）油温：用低油温将豆瓣、辣椒粉炒香至油红亮，避免加热过度。
（2）勾芡：豆腐需勾浓二流芡，确保收汁亮油。
（3）初加工：豆腐必须用淡盐水的沸水焯水，去掉豆腐的豆腥味，保持豆腐质地细嫩。
（4）调味：咸味是麻辣味型的成味基础，控制好咸味调味品的用量。
（5）勺工：为确保豆腐形整不烂，烧制时采用推制的勺工技法</td></tr>
<tr><td rowspan="7">考核标准</td><td>序号</td><td>考核项目</td><td>标准分数</td><td>实际得分</td></tr>
<tr><td>1</td><td>成菜效果</td><td>60</td><td></td></tr>
<tr><td>2</td><td>刀工技术</td><td>10</td><td></td></tr>
<tr><td>3</td><td>调味技术</td><td>10</td><td></td></tr>
<tr><td>4</td><td>烹调火候</td><td>10</td><td></td></tr>
<tr><td>5</td><td>完成时间</td><td>10</td><td></td></tr>
<tr><td colspan="3">总分</td><td></td></tr>
<tr><td>学习总结</td><td colspan="4"></td></tr>
<tr><td rowspan="6">任务拓展</td><td colspan="4">根据麻婆豆腐的制作方法，从配料、味型等方面进行创新，写下创新菜肴的用料、制作过程、成菜特点和制作关键，并拍下创新菜肴的图片</td></tr>
<tr><td colspan="2">改变主料可制作日式麻婆豆腐、红白豆腐（鸭血和豆腐）、脑花豆腐等菜品</td><td colspan="2" rowspan="5"></td></tr>
<tr><td colspan="2">根据调味不同可制作酱烧豆腐、白油豆腐、蟹黄豆腐等菜品</td></tr>
<tr><td colspan="2"></td></tr>
<tr><td colspan="2"></td></tr>
<tr><td colspan="2"></td></tr>
</table>

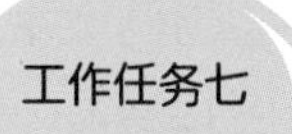

鸡豆花

鸡豆花是四川地区以鸡肉和火腿为原料的特色传统名菜。关于它的诞生年代主要有两种说法。有人说它是一道近代名菜，距今百年历史，在20世纪初出版的《成都通览》和清末时的《四季菜谱摘录》中对这道菜均有记载。而在另一种更为久远的传说中，鸡豆花始见于唐朝，传说当年李承乾因谋反被废，父亲李世民爱子深切，不忍杀之，把他发配到郁山。曾是一人之下万人之上的太子，过惯了锦衣玉食的富贵生活，来到这偏远莽荒之地后，茶饭不思，终日以泪洗面，后悔当初所为。聪明的厨师不断为他变换口味，但都无济于事，直到厨师发明了这道佳肴，成为李承乾餐桌上的最爱。可是鸡豆花也没挽救李承乾的性命，其不到一年就郁郁而终。死于郁山镇的太子化成了一抔泥土，而名叫鸡豆花的菜经过千年的时光流传了下来，因色泽晶莹、味道鲜美，成为川菜中的阳春白雪。

鸡豆花外表清淡，食之香浓，仿佛盛开的腊梅，在清冽中给人以温暖的芬芳。其色泽雪白，不似鸡肉、恰似鸡肉、胜似鸡肉（图1-17）。

图1-17　鸡豆花

一、主料营养

鸡豆花的主要原料为鸡胸肉。

鸡肉含有维生素C、维生素E等，蛋白质的含量比例较高、种类多，而且消化率高，很容易被人体吸收利用，有增强体力、强壮身体的作用。另外，鸡肉还含有对人体生长发育具有重要作用的磷脂类，是中国人膳食结构中脂肪和磷脂的重要来源之一。鸡肉对营养不良、畏寒怕冷、乏力疲劳、月经不调、贫血、虚弱等有很好的食疗作用。中医学认为，鸡肉有温中益气、补虚填精、健脾胃、活血脉、强筋骨的功效。

鸡豆花菜肴组配如图1-18所示。

图1-18　鸡豆花菜肴组配

二、刀工技法

鸡豆花制作使用的刀工技法是捶，捶是指刀与菜墩垂直，刀背向下运动，直上直下将原辅料加工成泥、蓉状的刀法。捶适用于各肉类原料。捶蓉时，刀背应与菜墩垂直，有节奏、有顺序地左右移动，均匀捶制。

三、烹调技法

制作鸡豆花的烹调方法是冲，将加工处理成液态的原料，放入油锅或开汤中加热，使其成熟并成团、成片的一种烹调方法。此法使用不甚广泛，主要用于烹制要求色白细嫩的菜肴或半成品，如鸡豆花、肉豆花及芙蓉鸡片的鸡片等。其操作分汤冲和油冲两种。汤冲：先用旺火开汤，汤量较大，原料入锅后微微搅动即移至小火，使汤保持似开非开状，至原料成团、汤清即可。油冲：旺火，热化猪油，油量较大，原料沿锅边流下，成片后微炸捞起。另外，也有称石膏豆花的制作和水发鱿鱼、墨鱼用开水除碱的方法为冲的。

素养提升

鸡豆花为国宴菜品，做到吃鸡不见鸡，用料简单但风味独特，把川菜清鲜见长的特点发挥得淋漓尽致。做好鸡豆花不仅要学会调浆技术，还要学会冲“豆花”，更要学会高级清汤的制作，俗话说“唱戏的腔，厨师的汤”。汤才是烹饪的精髓，我们不仅要学会制汤的技术，更要学习其背后的烹饪原理，学习烹饪不仅仅在技术层面，更要有理论知识做支撑，这样才能在烹饪的道路上越走越远。

【任务实施工单】

<table>
<tr><td>任务描述</td><td colspan="4">鸡豆花为川菜中具有代表性的国宴菜品，档次高、制作精细。
（1）熟悉鸡豆花的制作程序。
（2）掌握鸡豆花的味型特点。
（3）掌握鸡豆花的成菜特点</td></tr>
<tr><td>用料</td><td colspan="4">主料：净鸡胸肉。
辅料：火腿、豌豆苗、鸡蛋清。
调味料：精盐、味精、胡椒粉、特制清汤、水淀粉、葱姜水</td></tr>
<tr><td>制作过程</td><td colspan="4">（1）将鸡胸肉剁蓉；豌豆苗择洗干净；火腿切细末。
（2）豌豆苗沸水断生，捞出待用。
（3）鸡胸肉蓉加葱姜水、鸡蛋清、水淀粉、精盐、胡椒粉、味精搅匀制成鸡浆。
（4）锅中加特制清汤烧开，搅转清汤，将鸡浆倒入锅中，烧至微沸，鸡蓉凝结后转小火保温 10 min，然后连同汤盛入容器内，放入断生的豌豆苗，撒上火腿末即成</td></tr>
<tr><td>成菜特点</td><td colspan="4">色泽洁白，形似豆花，质滑嫩，味咸鲜</td></tr>
<tr><td>制作关键</td><td colspan="4">（1）鸡胸肉剁细蓉，越细越好。
（2）掌握好葱姜水、鸡蛋清、水淀粉的比例。
（3）火力控制恰当，鸡蓉凝结应转小火烹制</td></tr>
<tr><td rowspan="7">考核标准</td><td>序号</td><td>考核项目</td><td>标准分数</td><td>实际得分</td></tr>
<tr><td>1</td><td>成菜效果</td><td>60</td><td></td></tr>
<tr><td>2</td><td>刀工技术</td><td>10</td><td></td></tr>
<tr><td>3</td><td>调味技术</td><td>10</td><td></td></tr>
<tr><td>4</td><td>烹调火候</td><td>10</td><td></td></tr>
<tr><td>5</td><td>完成时间</td><td>10</td><td></td></tr>
<tr><td colspan="3">总分</td><td></td></tr>
<tr><td>学习总结</td><td colspan="4"></td></tr>
<tr><td rowspan="6">任务拓展</td><td colspan="4">根据鸡豆花的制作方法，从配料、味型等方面进行创新，写下创新菜肴的用料、制作过程、成菜特点和制作关键，并拍下创新菜肴的图片</td></tr>
<tr><td colspan="2">改变主料可制作鱼豆花、兔豆花、肉豆花等菜品</td><td colspan="2" rowspan="5"></td></tr>
<tr><td colspan="2"></td></tr>
<tr><td colspan="2"></td></tr>
<tr><td colspan="2"></td></tr>
<tr><td colspan="2"></td></tr>
</table>

水煮肉片

知识准备

水煮肉片是由水煮牛肉演变而来的，水煮牛肉相传最早出现在北宋时期以牛肉汲卤水产生，但目前无任何记载，实际上经典的水煮之法可能到民国初年才开始在四川用于烹饪，水煮牛肉可能出现在民国时期。一般认为水煮牛肉出现在自贡盐场，是由自贡厨师范吉安改良而成的。

由于自贡地区推卤需要大量的牛，这些牛往往会老病死去，一般人不愿食用，只有盐工们食用。对此，据记载，20 世纪 30 年代摄影家孙明经到自贡时，盐工们称自己天天吃牛肉，往往就是用盐水煮或牛粪烤，或清水煮后蘸辣椒碟吃。在这样的食用背景下，20 世纪 30 年代自贡名厨范吉安在民江饭店烹饪汆汤牛肉（渗汤牛肉）时对水煮法改良创新，才形成了今天我们将佐料同锅煮食的水煮牛肉，到了 20 世纪七八十年代，水煮之法被广泛利用，出现了水煮鸡肉、水煮肉片（图 1-19）、水煮肉柳、水煮鱼、水煮兔等水煮菜品。

图 1-19　水煮肉片

一、主料营养

传统制作此菜肴时选用肥瘦比为 2 ∶ 8 的去皮猪肉，而目前市面和本书上均选用猪里脊肉，猪里脊肉是猪脊骨背部位的瘦肉，营养价值非常丰富，里面含有大量的蛋白质、铜离子。适量地吃一些猪里脊肉可以有效维持身体内的酸碱平衡，并且有一定的消除水肿、降低血压的作用，还可以改善贫血状态，起到强筋健骨、安神醒脑的功效。

从中医角度来讲，猪里脊肉性平、味甘，具有补气养血、清热解毒、滋阴补肾的功效，对于便秘、口舌生疮都可以起到辅助治疗作用。

水煮肉片菜肴组配如图 1-20 所示。

图 1-20　水煮肉片菜肴组配

二、刀工技法

制作水煮肉片，要用到直刀法。

直刀法就是在操作时刀刃向下，刀身向菜墩做垂直运动的一种运刀方法。直刀法操作灵活多变，简练快捷，适用范围广。由于原料性质及形态要求不同，直刀法又可分为切、剁、斩、砍等几种操作方法。水煮肉片用到的是切的刀法，即左手按住原料，右手持刀，近距离从原料上部向原料底部做垂直运动的一种直刀法。切时以腕力为主，小臂力为辅。切一般用于植物原料和无骨的动物原料。切可分为直切、推切、拉切、推拉切、滚刀切。此道菜肴中用到的是推切。

三、烹调技法

水煮肉片使用煮的烹调技法中的一种特色烹调方法，即水煮。

水煮是指用鸡肉、鱼肉、猪肉、牛肉切片码味上浆，直接滑油后放入调好味的汤汁中煮熟，勾芡或不勾芡，使汤汁浓稠。装碗时，先将辅料（一般为蔬菜类）炒熟垫碗底，再盛入主料，撒上剁细的辣椒、花椒末，最后泼热油成菜。

素养提升

水煮肉片是从极其简易的水煮牛肉蘸干辣椒末，其调味料多元、改变程序烦琐的烹饪过程，也有一说法是火锅的雏形就是水煮肉片。究其我们烹饪中这些年出现的新菜品，无非就是原料的更新、调味和烹调方法的创新，所以我们在做菜点的设计和创新时，要把握以上三条路径，并以市场为基础，创新出符合这个时代的产品。

【任务实施工单】

<table>
<tr><td>任务描述</td><td colspan="4">水煮肉片是川菜中一道经典的麻辣味菜肴。
（1）熟悉水煮肉片的制作程序。
（2）掌握水煮肉片的味型特点。
（3）掌握水煮肉片的成菜特点</td></tr>
<tr><td>用料</td><td colspan="4">主料：去皮猪臀肉。
辅料：青笋尖、净芹菜、蒜苗。
调味料：郫县豆瓣、干辣椒段、花椒、精盐、酱油、料酒、味精、鲜汤、水淀粉、色拉油</td></tr>
<tr><td>制作过程</td><td colspan="4">（1）刀工：猪肉切成薄片；青笋尖切成 6 cm 长的薄片；芹菜、蒜苗分别切成 6 cm 长的段。
（2）码味上浆：肉片加精盐、料酒、水淀粉抓拌均匀。
（3）制双椒末：锅内留油，下干辣椒段、花椒小火炒香呈棕红色起锅晾凉，剁成细末。
（4）烹制：锅内留油，烧至 180 ℃下芹菜、蒜苗、青笋尖炒断生，加精盐和匀起锅装入汤碗中；锅内留油，100 ℃下郫县豆瓣炒香，掺汤，加料酒、酱油、味精烧开，将肉片分散下锅滑熟，淀粉糊化、肉片刚熟起锅盛于辅料上，面上撒上双椒末。
（5）淋油：锅内留油，烧至 200 ℃淋于菜肴上即成</td></tr>
<tr><td>成菜特点</td><td colspan="4">色泽红亮，质地嫩脆，麻辣滚烫，鲜味浓</td></tr>
<tr><td>制作关键</td><td colspan="4">（1）刀工：厚薄均匀。
（2）熟处理：辅料炒断生即可，肉片刚熟。
（3）上浆：干稀厚薄适当，上浆宜浓。
（4）制双椒末：控制好炒干辣椒和花椒的油温。
（5）烹制：肉片下锅不宜马上推动，淀粉糊化。
（6）淋油：油温控制好（200 ℃为佳）</td></tr>
<tr><td rowspan="7">考核标准</td><td>序号</td><td>考核项目</td><td>标准分数</td><td>实际得分</td></tr>
<tr><td>1</td><td>成菜效果</td><td>60</td><td></td></tr>
<tr><td>2</td><td>刀工技术</td><td>10</td><td></td></tr>
<tr><td>3</td><td>调味技术</td><td>10</td><td></td></tr>
<tr><td>4</td><td>烹调火候</td><td>10</td><td></td></tr>
<tr><td>5</td><td>完成时间</td><td>10</td><td></td></tr>
<tr><td colspan="3">总分</td><td></td></tr>
<tr><td>学习总结</td><td colspan="4"></td></tr>
<tr><td rowspan="7">任务拓展</td><td colspan="4">根据水煮肉片的制作方法，从配料、味型等方面进行创新，写下创新菜肴的用料、制作过程、成菜特点和制作关键，并拍下创新菜肴的图片</td></tr>
<tr><td colspan="2">改变主料可制作水煮牛肉、水煮鱼片、水煮鳝鱼、水煮牛蛙、水煮毛肚等菜品</td><td colspan="2" rowspan="6"></td></tr>
<tr><td colspan="2">主料不同，综合考虑成菜色泽及味感</td></tr>
<tr><td colspan="2"></td></tr>
<tr><td colspan="2"></td></tr>
<tr><td colspan="2"></td></tr>
<tr><td colspan="2"></td></tr>
</table>

工作任务九

粉蒸肉

知识准备

粉蒸之法在四川开始流行可能始于清中叶道光到同治年间。所以，同治年间的《筵款丰馐依样调鼎新录》中就开始记载有粉子蒸肉，又称粉蒸五花。晚清光绪《成都通览》中就记载有“粉蒸肉片”。显然，巴蜀地区粉蒸肉的出现是源于明清时期的江南移民，或者通过湖广移民传入。清同治到光绪年间，巴蜀地区的粉蒸之法已经相当普遍，如同治年间《筵款丰馐依样调鼎新录》中记载有荷米匽清香（荷叶蒸肉）、蒸雪花肉、粉蒸款鱼（草鱼）、粉蒸羊排，《成都通览》中则有粉蒸肉片、粉蒸鸡、粉蒸鸭的记载。20 世纪二三十年代重庆人就将粉蒸肉称为鲊肉，一般要加上豆瓣酱等多种调味料，且要用红薯、南瓜等垫底，再用竹笼原笼蒸出，又称为笼笼。以此法当时就开发出了蒸肥肠、蒸牛肉等菜品。

重庆市饮食服务公司《重庆名菜谱》中记载，首先米粉要与花椒同磨，然后加上醪糟汁、糖、甜酱、姜米、酱油、葱花等，与外地和传统的粉蒸相比，更显川菜的复合性。

一、主料营养

传统制作此菜肴时选用猪精五花，猪精五花为猪腹部肥瘦相间的肉，营养价值非常丰富，里面含有大量的蛋白质、铜离子。适量地吃一些猪肉可以有效维持身体内的酸碱平衡，并且有一定的消除水肿、降低血压的作用，还可以改善贫血状态，起到强筋健骨、安神醒脑的作用。

从中医角度来讲，猪肉性平、味甘，具有补气养血、清热解毒、滋阴补肾的功效，对于便秘、口舌生疮都可以起到辅助治疗作用。

粉蒸肉及其菜肴组配如图 1-21 和图 1-22 所示。

图 1-21　粉蒸肉

图 1-22　粉蒸肉菜肴组配

二、刀工技法

制作粉蒸肉，要用到直刀法。

直刀法就是在操作时刀刃向下，刀身向菜墩做垂直运动的一种运刀方法。直刀法操作灵活多变，简练快捷，适用范围广。由于原料性质及形态要求不同，直刀法又可分为切、剁、斩、砍等几种操作方法。粉蒸肉用到的是切的刀法，即左手按住原料，右手持刀，近距离从原料上部向原料底部做垂直运动的一种直刀法。切时以腕力为主，小臂力为辅。切一般用于植物原料和无骨的动物原料。切可分为直切、推切、拉切、推拉切、滚刀切。此道菜肴中用到的是推切。

三、烹调技法

粉蒸是指将加工切配后的原料用各种调味品调味后，加入适量的大米粉拌匀，用蒸汽加热至软熟滋糯成菜的一种烹调方法。粉蒸菜具有质地软糯滋润、醇浓鲜香、油而不腻等特点，适用于鸡肉、鱼肉、猪肉、牛肉、羊肉和部分根茎类、豆类蔬菜原料。

素养提升

粉蒸肉最早发源于江西，随着菜系的不断融合，慢慢成为川菜的代表菜之一，并被评选为“重庆十大名菜”。当今餐饮行业菜系和门派越来越多，但世界大同，随着交通越来越便利、社会越来越交融，菜系也在融合，中西合并。学习烹饪要广博别家之长，且为我所用，归纳总结，俗话说“吾日三省吾身”，只有不断地反省和总结才能加快成长。

【任务实施工单】

<table>
<tr><td>任务描述</td><td colspan="4">粉蒸肉是川菜中的一道经典菜肴，起源于江西，经过与四川特色调味品融合成为一道经典菜肴。
（1）熟悉粉蒸肉的制作程序。
（2）掌握粉蒸肉的味型特点。
（3）掌握粉蒸肉的成菜特点</td></tr>
<tr><td>用料</td><td colspan="4">主料：带皮猪五花肉。
辅料：鲜豌豆、蒸肉米粉。
调味料：油酥豆瓣、豆腐乳汁、精盐、白糖、酱油、料酒、姜末、味精、刀口花椒、醪糟汁、糖色、鲜汤、生菜籽油</td></tr>
<tr><td>制作过程</td><td colspan="4">（1）刀工：肉切成 10 cm 长、0.3 cm 厚的片。
（2）拌味：肉片加精盐、酱油、料酒、油酥豆瓣、醪糟汁、姜末、豆腐乳汁、白糖、味精、糖色、刀口花椒搅拌均匀静放，再加入蒸肉米粉、鲜汤、生菜籽油拌匀；鲜豌豆加精盐、蒸肉米粉、鲜汤拌匀待用。
（3）定碗：肉片摆入蒸碗内成“一封书”，鲜豌豆装入蒸碗内肉片上。
（4）蒸制：将定好碗的肉片入蒸笼用大火蒸制软熟，出笼后翻扣入盘</td></tr>
<tr><td>成菜特点</td><td colspan="4">色泽红亮，肉质软糯，咸鲜微辣，家常味厚</td></tr>
<tr><td>制作关键</td><td colspan="4">（1）刀工：刀刃锋利，直刀推切、厚薄均匀。
（2）米粉选用：米粉不宜选用加工过细的品种。
（3）滋润度与色泽：掌握好米粉与鲜汤的使用量，控制好酱油与豆瓣的用量。
（4）火候：旺火长时间蒸制，要随时观察添加笼锅内的水，避免水干影响成菜风味</td></tr>
<tr><td rowspan="7">考核标准</td><td>序号</td><td>考核项目</td><td>标准分数</td><td>实际得分</td></tr>
<tr><td>1</td><td>成菜效果</td><td>60</td><td></td></tr>
<tr><td>2</td><td>刀工技术</td><td>10</td><td></td></tr>
<tr><td>3</td><td>调味技术</td><td>10</td><td></td></tr>
<tr><td>4</td><td>烹调火候</td><td>10</td><td></td></tr>
<tr><td>5</td><td>完成时间</td><td>10</td><td></td></tr>
<tr><td colspan="3">总分</td><td></td></tr>
<tr><td>学习总结</td><td colspan="4"></td></tr>
<tr><td rowspan="8">任务拓展</td><td colspan="4">根据粉蒸肉的制作方法，从配料、味型等方面进行创新，写下创新菜肴的用料、制作过程、成菜特点和制作关键，并拍下创新菜肴的图片</td></tr>
<tr><td colspan="2">改变主料可制作粉蒸鸡、粉蒸排骨、粉蒸牛肉等菜品；改变刀工形状有条块等菜品</td><td colspan="2" rowspan="7"></td></tr>
<tr><td colspan="2">辅料可改变为红薯、土豆、南瓜等</td></tr>
<tr><td colspan="2">改变味型为麻辣、咸甜、五香等</td></tr>
<tr><td colspan="2"></td></tr>
<tr><td colspan="2"></td></tr>
<tr><td colspan="2"></td></tr>
<tr><td colspan="2"></td></tr>
</table>

锅巴肉片

知识准备

锅巴肉片的传说有很多版本，一说：乾隆皇帝下江南，曾在一家小饭店用餐，当时点到一份菜，此菜用虾仁、鸡丝、鸡汤等熬成卤汁，并当着客人的面将卤汁浇在油炸酥脆的锅巴上，顿时炸声大作，浓香扑鼻，食趣盎然，乾隆便问这是什么菜，店主笑道："这叫平地一阵雷。"乾隆脱口而道："此菜可称为天下第一菜。"于是，此菜便在民间流传开来。

这道菜的具体做法首次见于文献记载是1949年以后的事情，因在堂内发出响声，故又有"堂响肉片"之名。同时万县一带又将锅巴肉片称为"响玲（铃）肉片"（图1-23）。

图1-23　锅巴肉片

一、主料营养

制作此菜肴选用猪里脊肉，猪里脊肉是猪脊骨背部位的瘦肉，营养价值非常丰富。里面含有大量的蛋白质、铜离子。适量地吃一些猪里脊肉可以有效维持身体内的酸碱平衡，并且有一定的消除水肿、降低血压的作用，还可以改善贫血状态，起到强筋健骨、安神醒脑的作用。

从中医角度来讲，猪里脊肉性平、味甘，具有补气养血、清热解毒、滋阴补肾的功效，对于便秘、口舌生疮都可以起到辅助治疗作用。

锅巴肉片菜肴组配如图1-24所示。

图1-24　锅巴肉片菜肴组配

二、刀工技法

制作锅巴肉片，要用到直刀法。

直刀法就是在操作时刀刃向下，刀身向菜墩做垂直运动的一种运刀方法。直刀法操作灵活多变，简练快捷，适用范围广。由于原料性质及形态要求不同，直刀法又可分为切、剁、斩、砍等几种操作方法。回锅肉用到的是切的刀法，即左手按住原料，右手持刀，近距离从原料上部向原料底部做垂直运动的一种直刀法。切时以腕力为主，小臂力为辅。切一般用于植物原料和无骨的动物原料，切可分为直切、推切、拉切、推拉切、滚刀切。此道菜肴中用到的是推切。

三、烹调技法

此道菜的制作方法为炸熘，炸熘又称脆熘、焦熘，是指将加工切配成型的原料，经码味、挂糊或拍粉，先蒸至软熟，放入热油锅中炸至外酥内嫩或内外酥香松脆，再浇淋或粘裹芡汁成菜的烹调方法。炸熘菜肴具有色泽金黄、外酥内嫩或内外酥香松脆的特点。适用于炸熘的原料主要有鱼虾、牛羊肉、猪肉、鸡肉、鸭肉、鹅肉、鸽子肉、兔子肉、土豆、茄子、口蘑等，要求选用新鲜无异味、质地细嫩的原料。

素养提升

锅巴肉片上菜形式新颖，在视觉和听觉上给食客带来冲击，顾客互动性强。在当今的餐饮经营中，不仅要把菜做好，还要让顾客体验感加强，所以高端餐饮中都会加入堂烹，通过视觉、听觉、嗅觉三重感受，将就餐者带入烹饪中，让其具有极好的体验感，提升就餐的仪式感，不仅要满足客人的生理需求，更要满足客人更高层次的心理需求，这就考验厨师的各项功底，烹饪是科学、是文化、是艺术，值得我们用尽毕生心血去研究。

【任务实施工单】

<table>
<tr><td>任务描述</td><td colspan="4">锅巴肉片是川菜中的一道经典菜肴，因上菜形式新颖、口味独特而深受食客喜欢。
（1）熟悉锅巴肉片的制作程序。
（2）掌握锅巴肉片的味型特点。
（3）掌握锅巴肉片的成菜特点</td></tr>
<tr><td>用料</td><td colspan="4">主料：锅巴、猪里脊肉。
辅料：口蘑、鲜菜心、水发玉兰片。
调味料：马耳朵泡辣椒、马耳朵葱、姜片、蒜片、精盐、白糖、醋、酱油、味精、料酒、水淀粉、鲜汤、香油、色拉油</td></tr>
<tr><td>制作过程</td><td colspan="4">（1）猪里脊肉切成长 4 cm、宽 2 cm、厚 0.15 cm 的片；玉兰片、口蘑切成薄片；锅巴掰成 5 cm 大的块。
（2）肉片加精盐、水淀粉拌匀上劲。
（3）精盐、白糖、醋、酱油、味精、香油、鲜汤、水淀粉调成荔枝味芡汁。
（4）锅中留油，旺火烧至 150 ℃，放肉片炒散；放入姜片、蒜片、泡辣椒、葱、玉兰片、口蘑炒香，倒入调味芡汁推匀，汤汁变稠，放入鲜菜心断生，起锅装入大汤碗内。
（5）锅中留油，烧至 220 ℃，放锅巴炸至色金黄酥脆时，捞出装入大圆盘内。
（6）将烹制好的肉片味汁与炸好的锅巴同上桌，再将味汁淋于锅巴上即可</td></tr>
<tr><td>成菜特点</td><td colspan="4">锅巴酥脆、肉片鲜嫩、咸鲜甜酸兼备</td></tr>
<tr><td>制作关键</td><td colspan="4">（1）锅巴选用体干、无霉点、厚薄均匀、色微黄的。
（2）芡汁中的咸味比糖醋味要浓；鲜汤用量较多；调味芡汁以棕黄为佳。
（3）油温过低或过高都会影响锅巴的颜色和酥脆质感，炸好的锅巴不宜久放，所以应先烹制肉片味汁，再炸锅巴，炸好后立即上桌。
（4）装锅巴的盘子应提前烤热</td></tr>
<tr><td rowspan="7">考核标准</td><td>序号</td><td>考核项目</td><td>标准分数</td><td>实际得分</td></tr>
<tr><td>1</td><td>成菜效果</td><td>60</td><td></td></tr>
<tr><td>2</td><td>刀工技术</td><td>10</td><td></td></tr>
<tr><td>3</td><td>调味技术</td><td>10</td><td></td></tr>
<tr><td>4</td><td>烹调火候</td><td>10</td><td></td></tr>
<tr><td>5</td><td>完成时间</td><td>10</td><td></td></tr>
<tr><td colspan="3">总分</td><td></td></tr>
<tr><td>学习总结</td><td colspan="4"></td></tr>
<tr><td rowspan="7">任务拓展</td><td colspan="4">根据锅巴肉片的制作方法，从配料、味型等方面进行创新，写下创新菜肴的用料、制作过程、成菜特点和制作关键，并拍下创新菜肴的图片</td></tr>
<tr><td colspan="2">改变主料可制作锅巴虾仁、锅巴鲜贝、锅巴海参、三鲜锅巴、锅巴鱿鱼、锅巴鸡片等菜品</td><td colspan="2" rowspan="6"></td></tr>
<tr><td colspan="2">根据主料不同，综合考虑成菜色泽及味感要求，准确掌握有色调味品的用量及酸甜程度</td></tr>
<tr><td colspan="2">改变味型为麻辣、咸甜、五香等</td></tr>
<tr><td colspan="2"></td></tr>
<tr><td colspan="2"></td></tr>
<tr><td colspan="2"></td></tr>
</table>

【作品赏析】

四川职业院校技能大赛烹饪赛项热菜作品赏析图，如图 1-25 ～图 1-33 所示。

图 1-25　皱椒羊排

图 1-26　宫保大虾

图 1-27　板煎九孔大连鲍

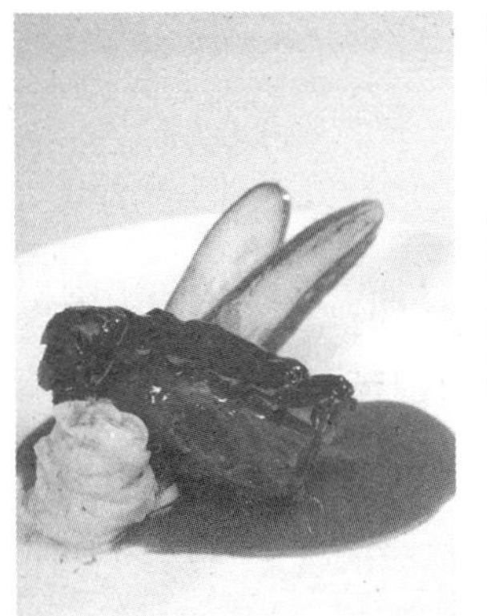

图 1-28　鲍汁赛熊掌

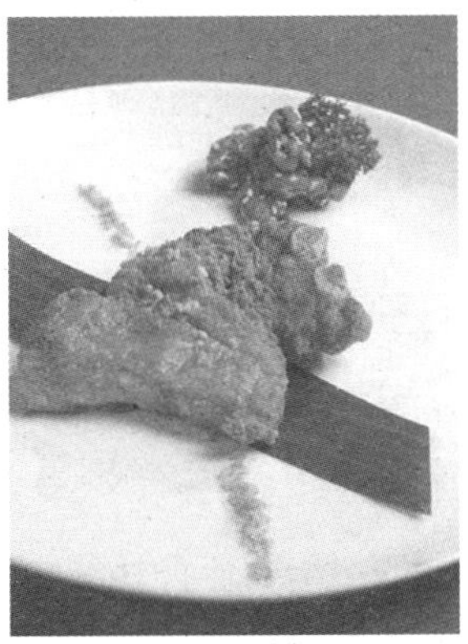

图 1-29　大澳海珊骨

图 1-30　红酒浸鹅肝

图 1-31　岩烧肉酱辽参

图 1-32　金露汁煎鱼扒

图 1-33　石锅沸腾鱼皇

项目二

山东风味热菜制作

项目二彩图

项目导读

广袤的中国大地上孕育了中华民族独特的饮食文明，鲁菜作为中国传统四大菜系中唯一的自发型菜系，起源于齐鲁大地，影响秦岭淮河以北、黄河流域等广阔地域，是历史最悠久、技法最丰富、难度最大、最见功力的菜系。儒家学派奠定了中华饮食注重精细、中和、健康的审美取向；《齐民要术》对于烹饪技法的总结奠定了中式烹调技法的框架；历经各代的锤炼与提高，明清时期的齐鲁御厨进一步升华了鲁菜雍容华贵、中正大气、平和养生的风格特点。齐鲁大地得天独厚的物质条件，加上两千多年来浸润着儒家学派“食不厌精，脍不厌细”的精神追求，终成鲁菜系的洋洋大观。

鲁菜历史悠久、源远流长，其深厚的文化基础和精湛的烹饪技艺闻名于世，深受国人乃至世界人民的推崇。鲁菜讲究调味纯正，口味偏于咸鲜，具有鲜、嫩、香、脆的特色。鲁菜烹调技法多样，可达 30 种以上，特别是“吊汤”技法尤为突出，清汤色清而鲜，奶汤色白而醇，呈现了“有味使之出，无味使之入”的烹饪至高境界，为高档菜肴的制作提供了鲜醇味的基础。鲁菜中对于甜菜的制作，特别是对于糖的运用登峰造极，蜜汁、挂霜、琉璃、拔丝等技法的运用凸显鲁菜技法的精细和多变。鲁菜深深根植于中华民族文化的沃土之中，凝聚了无数代劳动者的勤劳与智慧，它集中华传统文化之大成，是中华饮食文化中的瑰宝（图 2-1）。

图 2-1　糖醋黄河鲤鱼

工作任务一

九转大肠

九转大肠制作视频

根据“知识准备”模块的内容结合视频，完成工作任务一的预习工作。

知识准备

图 2-2 所示的九转大肠是鲁菜的代表菜之一。清代时山东济南有位姓杜的富商，开了一家餐馆名叫九华楼。杜老板凡事都爱“九”字，所以给他手下的生意都取名有“九”字，这九华楼就是其中的一个带“九”字的场所。杜姓老板是个巨商，其生意也几乎涉猎九个行业之多。餐馆中的厨师请的都是当时济南最好的厨师，烹饪的菜肴也是一等一的美味！其中最出名的要数以各种猪下水为主的菜色。红烧大肠就是当时的一道特色菜。一天，杜老板宴请济南当地的贵客来九华楼吃饭，其中就上了一道红烧大肠，这贵客中有一个文人尝了尝红烧大肠，立刻赞不绝口，说什么也要给杜老板的红烧大肠取个响亮的名字。杜老板连忙称好，于是这个文人说：“这红烧大肠吃起来犹如古时炼丹术士所炼仙丹，仙丹的美味一般用九转仙丹来形容，而且杜老板又喜欢‘九’字，何不将这红烧大肠改名为九转大肠呢。”这就是九转大肠名称的由来。

图 2-2　九转大肠

一、主料营养

九转大肠的主料是猪大肠，也称肥肠，含脂肪、维生素 A、胆固醇等人体所需的部分微量元素和常量元素等营养物质。食用猪大肠可以止渴止血，改善虚弱口渴，还能调血痢脏毒，适用于痔疮、大便出血或血痢等症状。对人类的肾脏也有一定的滋养功效，可以提高肾功能，入药以后对小便频繁、夜尿频多症都有一定的缓解作用。

二、刀工技法

九转大肠这道菜对刀工要求不是很严格，在焯水给大肠定型后，直刀切改刀成 2.5 ～ 4 cm 的段状即可（图 2-3）。

图 2-3　直刀切大肠

三、烹调技法

首先从原料选择上，最好选择从肠头开始计算往后 25 cm 的这部分，肠头无论厚度、耐煮性及口感脆度都是最佳选择。肠头部位不建议套肠，否则不易成熟。

在大肠预备过程中的洗、焯、煮、氽中，清洗大肠的步骤最为重要，不仅要加入白醋、淀粉、面粉多次清洗，还要将大肠翻过来，仔细将大肠内壁的淋巴和脏的油脂剪除干净。

在大肠烹调环节中的煸、烧、煨、㸆时必须时刻注意火力的掌控，由于熬制过糖色，火候过大容易使汤汁变黑、色泽暗淡。

素养提升

九转大肠作为山东十大名菜之一，主料却是猪大肠这种非常难处理的原料。其制作过程所体现出的工匠精神，主要包括对细节的精益求精、不断探索和尝试及坚持不懈的精神。这些精神特质不仅在烹饪领域有所体现，在其他任何技艺和创作中也都具有普遍的价值。

【任务实施工单】

<table>
<tr><td>任务描述</td><td colspan="4">九转大肠是非常考验师傅功力的一道著名鲁菜。
（1）熟悉九转大肠的制作程序。
（2）掌握九转大肠的味型特点。
（3）掌握九转大肠的成菜特点</td></tr>
<tr><td>用料</td><td colspan="4">白色猪大肠、葱、姜、芫荽、清汤、花椒油、白油、盐、酱油、米醋、料酒、白糖、白胡椒面、砂仁面、肉桂面</td></tr>
<tr><td>制作过程</td><td colspan="4">（1）用白酒、白醋、碱、盐第一次搓洗后，将肥肠内外翻过来用剪刀剪去淋巴与脏的油脂。
（2）再利用淀粉、面粉的黏性将肥肠的脏油脂吸附下来，用清水反复搓洗直至水变清。
（3）将肥肠内插入大葱，锅内烧水加入部分料酒，给大肠定型。
（4）将肥肠改刀成 3 cm 的段状。
（5）炒勺放在小火上，加白油、白糖炒至鸡血红色时，放入大肠。
（6）炒至上色后拨至勺边，加入葱、姜末炸出香味，烹醋，加入酱油、白糖、清汤、盐、料酒，搅拌均匀，用小火煨制。
（7）汤汁浓稠将尽时，放入白胡椒面、肉桂面、砂仁面、花椒油，颠翻均匀，撒上芫荽末装盘即可</td></tr>
<tr><td>成菜特点</td><td colspan="4">色泽红亮，具有大肠特有的香味。口味酸、甜、苦、辣、咸香，大小一致，质地软、烂、韧</td></tr>
<tr><td>制作关键</td><td colspan="4">（1）大肠的选料与清洗是九转大肠制作过程中至关重要的一环。
（2）熬好糖色后，调味与煨㸆要注意火候掌握。
（3）掌握好制作时间</td></tr>
<tr><td rowspan="7">考核标准</td><td>序号</td><td>考核项目</td><td>标准分数</td><td>实际得分</td></tr>
<tr><td>1</td><td>成菜效果</td><td>60</td><td></td></tr>
<tr><td>2</td><td>刀工技术</td><td>10</td><td></td></tr>
<tr><td>3</td><td>调味技术</td><td>10</td><td></td></tr>
<tr><td>4</td><td>烹调火候</td><td>10</td><td></td></tr>
<tr><td>5</td><td>完成时间</td><td>10</td><td></td></tr>
<tr><td colspan="3">总分</td><td></td></tr>
<tr><td>学习总结</td><td colspan="4"></td></tr>
<tr><td rowspan="7">任务拓展</td><td colspan="4">根据九转大肠的制作方法，从配料、味型等方面进行创新，写下创新菜肴的用料、制作过程、成菜特点和制作关键，并拍下创新菜肴的图片</td></tr>
<tr><td colspan="2"></td><td colspan="2" rowspan="6"></td></tr>
<tr><td colspan="2"></td></tr>
<tr><td colspan="2"></td></tr>
<tr><td colspan="2"></td></tr>
<tr><td colspan="2"></td></tr>
<tr><td colspan="2"></td></tr>
</table>

工作任务二

爆炒腰花

爆炒腰花制作视频

根据“知识准备”模块的内容结合视频，完成工作任务二的预习工作。

知识准备

图 2-4 所示的爆炒腰花，为鲁菜特色传统名菜，是以猪腰为主料的家常菜。猪腰经加工后爆炒而成，鲜嫩爽滑、味道醇厚，营养价值较高。据说，爆炒腰花是由清代宫廷“四大抓”（即抓炒鱼、抓炒里脊、抓炒腰花、抓炒虾仁）演变而来的。“四大抓”为清代御膳房御厨王玉山所创。有一天慈禧太后用膳，在许多种菜里挑中一盘明亮油黄、鲜嫩软滑的炒鱼，品尝后赞不绝口。她把厨师叫来询问这叫什么菜，御厨王玉山之前并未给菜取名，灵机一动说道是抓炒鱼，慈禧太后大喜，叫厨师再做几样“抓炒”，于是就有了“四大抓”，王玉山被称为“抓炒王”。后来，山东厨师在原菜的基础上进行改良，将原本近似糖醋的口味，改制成如今有偏甜、酸、咸、辣之分的爆炒腰花。

图 2-4　爆炒腰花

一、主料营养

爆炒腰花的主料为猪腰，含有蛋白质、脂肪、碳水化合物和钙、磷、铁、钾、钠、镁、锌等矿物质元素，以及丰富的维生素 A、B 族维生素等营养成分，具有健肾补腰、减缓衰老、补虚强身等功效，特别是 B 族维生素，有助于补充能量和提高免疫力。

二、刀工技法

制作爆炒腰花，首先要处理猪腰。将猪腰放在砧板上，用平刀法将猪腰切成两半，将其中白色的筋膜用刀片干净即可。

接下来需要打麦穗花刀。麦穗花刀的切法：将猪腰除去筋膜和腰臊，光面向下平放在砧板上，从里面先斜刀切一排平行的刀纹，深度至猪腰的2/3；然后直刀切一排平行的刀纹，深度至猪腰的3/4，两个刀纹呈十字状，再顺着直刀刀纹切成小块即可。不能太深，也不能太浅，刚好有一点皮连着即可。刀跟往上提，刀尖打到砧板，角度在45°合适（图2-5）。

图2-5　麦穗花刀

三、烹调技法

爆炒是介于爆和炒之间的一种烹调技法，它不仅具备滑炒上浆滑油的要求，而且突出了油爆勾爆芡的特点。加工成型的原料经上浆滑油，投入炒勺，急速勾兑调味料和芡汁（或加入事先兑好的芡汁），快速颠翻成菜。爆炒的用料比较广泛，脆性、韧性均可，鸡肉、鸭肉、鱼肉、猪肉无可不用。形状多为片、丁、条、仁等。操作关键是上浆滑油和勾芡，原料上浆厚薄要适度，滑油的油温要恰当，既要滑散、滑熟，又不能粘连或脱浆。滑油时要热勺温油，根据不同原料，掌握在五成以下、二成以上。掌握好勾芡的时机和数量，勾芡时速度要快，迅速翻拌，及时出勺。成品特点：质感鲜嫩、芡汁紧包主料、油包芡汁、色泽清爽。

素养提升

爆炒腰花是山东济南的名菜，起源于清朝，在各大餐馆中，爆炒腰花的点菜率名列前茅。这道菜对刀工和火候的要求特别高，厨师能够凭借精湛的刀工和烹调技术，将其制成美味。2018年9月10日，爆炒腰花被评为“山东十大经典名菜”之一。猪腰适合烤、炒、蒸、煮等多种烹饪方式，每种方式都有着不同的味道和口感，为食客带来丰富的食趣。同时，猪腰还可以与多种食材搭配，如蒜苗、豆皮、竹笋等，让美食更加多样化。我们学习烹饪技术，第一，应当脚踏实地，苦练刀工，传承精益求精的工匠精神；第二，应当敢于创新，与时俱进，弘扬守正创新的工匠精神。

【任务实施工单】

<table>
<tr><td>任务描述</td><td colspan="4">爆炒腰花是鲁菜传统名菜，是以猪腰为主料的家常菜。其特点是鲜嫩、味道醇厚、滑润不腻，具有较高的营养价值。
（1）熟悉爆炒腰花的制作程序。
（2）掌握爆炒腰花的味型特点。
（3）掌握爆炒腰花的成菜特点</td></tr>
<tr><td>用料</td><td colspan="4">主料：猪腰。
辅料：木耳，冬笋片。
调味料：大葱、大蒜、姜、酱油、白糖、白醋、淀粉、胡椒粉、香油、花椒、花生油</td></tr>
<tr><td>制作过程</td><td colspan="4">（1）猪腰洗净除去膜，平刀对半开，除去中间的筋，然后浸泡在清水里（加几粒花椒）3～4 h，除去臊味。
（2）将泡好的猪腰在光面剞十字花刀，再横切宽 2.5 cm 的腰花块。
（3）木耳洗净，冬笋切成略小于腰花的片。
（4）将葱切鞭炮葱，姜、蒜瓣切片。
（5）酱油、白糖、蒜片、葱、姜、味精、胡椒粉、香油、白醋、湿淀粉调成芡汁待用。
（6）锅置旺火上，热锅倒入花生油，待八成热时，倒入切好的腰花，爆油后倒入漏勺沥干油。
（7）锅留余油，回置旺火上，投入调好的芡汁，顺同一方向搅动一下，立即倒入猪腰，翻锅后淋上明油即装盘</td></tr>
<tr><td>成菜特点</td><td colspan="4">爆炒腰花成品鲜嫩，味道醇厚，滑润不腻，没有臊味，吃起来鲜嫩带脆，口味也随之有偏甜、酸、咸、辣之分</td></tr>
<tr><td>制作关键</td><td colspan="4">猪腰原本有很重的腥臊味，处理不当会很难下咽，因此在做之前，需要注意腰子的去膜和切片，以保证口感和食用安全。
制作时需要加大火力，短时间内爆炒出腰花的独特口感，火候把握恰到好处才能保证菜品品质和口感的一致性</td></tr>
<tr><td rowspan="7">考核标准</td><td>序号</td><td>考核项目</td><td>标准分数</td><td>实际得分</td></tr>
<tr><td>1</td><td>成菜效果</td><td>60</td><td></td></tr>
<tr><td>2</td><td>刀工技术</td><td>10</td><td></td></tr>
<tr><td>3</td><td>调味技术</td><td>10</td><td></td></tr>
<tr><td>4</td><td>烹调火候</td><td>10</td><td></td></tr>
<tr><td>5</td><td>完成时间</td><td>10</td><td></td></tr>
<tr><td colspan="3">总分</td><td></td></tr>
<tr><td>学习总结</td><td colspan="4"></td></tr>
<tr><td>任务拓展</td><td colspan="4">根据爆炒腰花的制作方法，从配料、味型等方面进行创新，写下创新菜肴的用料、制作过程、成菜特点和制作关键，并拍下创新菜肴的图片</td></tr>
</table>

工作任务三

糖醋黄河鲤鱼

糖醋黄河鲤鱼制作视频

根据“知识准备”模块的内容结合视频，完成工作任务三的预习工作。

知识准备

图 2-6　糖醋黄河鲤鱼

图 2-6 所示的糖醋黄河鲤鱼是济南的传统名菜。济南北临黄河，黄河鲤鱼不仅肥嫩鲜美、肉质细嫩，而且金鳞赤尾，形态可爱，是宴会上的佳肴。《济南府志》上早有“黄河之鲤，南阳之蟹，且入食谱”的记载。据说糖醋鲤鱼最早始于黄河重镇——洛口镇。当初这里的饭馆用活鲤鱼制作此菜，很受食者欢迎，在当地小有名气。后来传到济南，在制法上更加完美，先经油锅炸熟，再用著名的洛口老醋加糖制成糖醋汁，浇在鱼身上，香味扑鼻，外脆里嫩，甜中带酸，不久它便成为一道名菜。

一、主料营养

本道菜的主料为黄河鲤鱼。黄河鲤鱼自古就有“岂其食鱼，必河之鲤”“洛鲤伊鲂，贵于牛羊”之说，为食之上品。黄河鲤鱼还以其肉质细嫩鲜美，金鳞赤尾、体型梭长的优美形态，驰名中外，是我国宝贵的鱼类资源。鲤鱼跳龙门的传说，几乎是家喻户晓。白居易等古代诗人都曾为其写诗作赋，称其为“龙鱼”。民间流传有“黄河三尺鲤，本在孟津居。点额不成龙，归来伴凡鱼”等美好诗句。黄河鲤鱼自古以来即为民间喜庆各种宴席所不可缺少的佳肴。

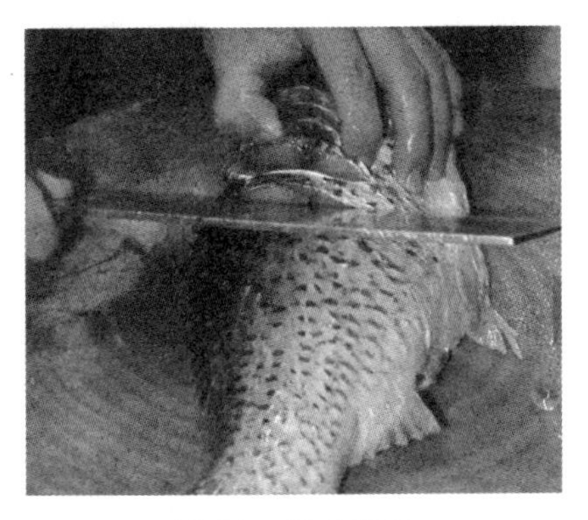

图 2-7　牡丹花刀

二、刀工技法

制作糖醋黄河鲤鱼，首先要将鱼去鳞、去鳃、去内脏洗净，然后在鱼身两侧改牡丹花刀（图 2-7）。

牡丹花刀属整形鱼的花刀成型方法，加工时在原料两面均剞上深至鱼骨的刀纹，然后用平刀片进深 2 ～ 2.5 cm，将肉片翻起，再在每片肉上都剞上一刀。原料两面翻起 7 ～ 12 刀，经加热即成牡丹花瓣的形态。

三、烹调技法

鲤鱼通过改刀、挂糊，最后炸制成型。炸，即将油用旺火烧滚（只七八成熟），将食物下锅。一般油比原料多数倍（俗称大烟锅）。此时，火不宜猛，应适时翻动，严防过老或不熟，炸成焦黄色即可。有的大块原料要复炸。炸食特点为香酥脆嫩，但对保持营养素不利，也不易消化，不宜多采用。常用炸法有清炸、干炸、软炸、酥炸、纸包炸及其他炸法等。

素养提升

在糖醋黄河鲤鱼制作中，厨师对鲤鱼进行改刀、挂糊，最后炸制成鲤鱼跃龙门的形象，使糖醋黄河鲤鱼成为鲁菜的经典名菜、山东济南传统名菜。对于传统菜品要专注研究、精雕细琢、不断深耕细作，做到精益求精，而且在传统的基础上结合当今时代特点，不断创新、与时俱进。

【任务实施工单】

<table>
<tr><td>任务描述</td><td colspan="4">糖醋黄河鲤鱼是山东济南的传统名菜。鱼肉色泽枣红，软嫩鲜香；焙面细如发丝，蓬松酥脆，是鲁菜的代表之一。
（1）熟悉糖醋黄河鲤鱼的制作程序。
（2）掌握糖醋黄河鲤鱼的味型特点。
（3）掌握糖醋黄河鲤鱼的成菜特点</td></tr>
<tr><td>用料</td><td colspan="4">黄河鲤鱼、白糖、酱油、料酒、清汤、花生油、葱、姜、醋、蒜蓉、精盐、湿淀粉</td></tr>
<tr><td>制作过程</td><td colspan="4">（1）鲤鱼去鳞、内脏、两鳃，鱼身两侧每 2.5 cm 直剞后斜剞成翻刀，提起鱼尾使刀口张开，料酒、精盐撒入刀口稍腌。
（2）清汤、酱油、料酒、醋、白糖、精盐、湿淀粉兑成芡汁。
（3）在刀口处撒上湿淀粉后，放在七成热的油中炸至外皮变硬，移微火浸炸 3 min，再上旺火炸至金黄色，捞出摆盘，用手将鱼捏松。
（4）将葱、姜、蒜放入锅中炸出香味后倒入兑好的芡汁，起泡时用炸鱼的沸油冲入汁内，加以略炒迅速浇到鱼上即可</td></tr>
<tr><td>成菜特点</td><td colspan="4">糖醋黄河鲤鱼通常用黄河鲤鱼做食材，经炸、熘而成。成菜后，鱼肉外焦里嫩，味酸甜而稍有咸鲜</td></tr>
<tr><td>制作关键</td><td colspan="4">（1）鲤鱼鱼腹两侧各有一条同细线一样的白筋，去掉可以除腥味；在靠鲤鱼鳃部的地方切一个小口，白筋就显露出来了，用镊子夹住，轻轻用力，即可抽掉。
（2）切鲤鱼的厚度要一致。炸时手提鲤鱼尾，边炸边用热油淋浇，定型后才全部入油浸炸，手按鱼身便于菜肴入味吸汁。
（3）糖醋汁最好在鱼快炸好时，另用炒勺烹制，使鱼和汁同时成熟</td></tr>
<tr><td rowspan="7">考核标准</td><td>序号</td><td>考核项目</td><td>标准分数</td><td>实际得分</td></tr>
<tr><td>1</td><td>成菜效果</td><td>60</td><td></td></tr>
<tr><td>2</td><td>刀工技术</td><td>10</td><td></td></tr>
<tr><td>3</td><td>调味技术</td><td>10</td><td></td></tr>
<tr><td>4</td><td>烹调火候</td><td>10</td><td></td></tr>
<tr><td>5</td><td>完成时间</td><td>10</td><td></td></tr>
<tr><td colspan="3">总分</td><td></td></tr>
<tr><td>学习总结</td><td colspan="4"></td></tr>
<tr><td>任务拓展</td><td colspan="4">根据糖醋黄河鲤鱼的制作方法，从配料、味型等方面进行创新，写下创新菜肴的用料、制作过程、成菜特点和制作关键，并拍下创新菜肴的图片</td></tr>
</table>

工作任务四

诗礼银杏

诗礼银杏制作视频

根据“知识准备”模块的内容结合视频，完成工作任务四的预习工作。

知识准备

图 2-8 所示的诗礼银杏，属于鲁菜中比较特殊的孔府菜，在古代不是一般人可以吃到的，古代的帝王们去孔府祭拜，也曾吃过，并且赞赏有加。据《孔府档案》记载，孔子教其子孔鲤学诗习礼时曰：“不学《诗》，无以言。不学《礼》，无以立。”事后传为美谈，其后裔自称“诗礼世家”。到了宋朝，此处长了两棵银杏，孔府的厨师取此树之果做成菜肴，故名“诗礼银杏”，供家人及来访的学者食用，成为孔府宴中特有的传统菜。

图 2-8　诗礼银杏

一、主料营养

银杏果口感比较清爽，营养价值极高，富含蛋白质、糖类、维生素 C、胡萝卜素等营养物质，对人体的心脑血管起到一定的保护作用，其内含有抗血小板活化因子和黄酮两种物质，能够帮助改善人体内的血液循环，去除自由基，防止出现动脉硬化、血液凝结、心肌梗死等现象。食用后能够帮助增加皮肤的弹性，减少皱纹，同时银杏果中所富含的黄酮还有着提亮肤色的效果，从而起到延缓衰老、美容养颜的作用。

二、刀工技法

制作诗礼银杏时一般不需要刀工技法，如果是用果膏作为容器盛放银杏果，那么关键技法是雕刻技法（图 2-9）。

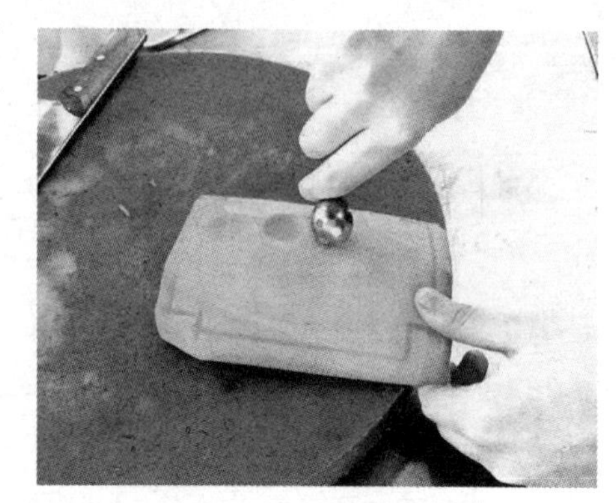

图 2-9　雕刻盛器

将果膏两面用刀修齐；用小刀刻成“书”形，然后刻出书页痕迹；用冰糖熬糖色，加水放入银杏加蜂蜜蒸制熟透；取煮熟的银杏果放“书”上即可。

三、烹调技法

诗礼银杏这道菜肴是采用蜜汁的烹调技法进行烹制而成的。蜜汁是用白糖与冰糖或蜂蜜加冷水将主料煨、煮、㸆制成熟，并使菜肴糖汁稠浓的烹调技法；或指主料经油炸、蒸汽等方法加工后，再放入用白糖、冰糖、蜂蜜等融合的甜汁中蒸制熟软，然后主料扣入盘中，再将汁熬浓或用淀粉勾芡浇淋在主料上成菜的烹调技法。其成菜特点为糖汁肥浓香甜、光亮透明，主料绵软酥烂、入口化渣。

素养提升

诗礼银杏“寡言守礼”，但绝不是“因循守旧的先生”。它内心情感充沛，遵循着儒家最本质的初始之道。银杏象征了整个中华民族的一种精神风貌。它是顽强的、具有独特的生命力的，它是具有伟岸身躯、坚贞气节的强者。银杏果能够滋养人类，我们应该学习这样奉献的精神。我们学习烹饪技术应当脚踏实地，苦练烹调技艺，传承精益求精的工匠精神；应当具有敢于创新、与时俱进的工匠精神。

【任务实施工单】

<table>
<tr><td>任务描述</td><td colspan="4">诗礼银杏是孔府宴中独具特色的菜。
（1）熟悉诗礼银杏的制作程序。
（2）掌握诗礼银杏的味型特点。
（3）掌握诗礼银杏的成菜特点</td></tr>
<tr><td>用料</td><td colspan="4">银杏果、猪油、白糖、桂花酱、蜂蜜</td></tr>
<tr><td>制作过程</td><td colspan="4">（1）将银杏果去壳，用碱水泡一下去皮，再入锅中沸水稍焯，以去苦味，再入锅煮酥烂取出。
（2）炒锅烧热下猪油，加入白糖，炒制成银红色时，加清水、白糖、蜂蜜、桂花酱，倒入银杏果，至汁浓，淋上猪油，盛浅汤盘中即成</td></tr>
<tr><td>成菜特点</td><td colspan="4">成菜如琥珀色，清新淡鲜，酥烂甘馥，清香甜美，柔韧筋道</td></tr>
<tr><td>制作关键</td><td colspan="4">（1）银杏果必须去皮，煮至软。
（2）烹时注意火候，既要卤汁稠浓，又切勿粘锅、发焦，以避免产生焦苦异味。
（3）银杏果有毒，不可多食，每人一次食量以 15 粒为宜</td></tr>
<tr><td rowspan="7">考核标准</td><td>序号</td><td>考核项目</td><td>标准分数</td><td>实际得分</td></tr>
<tr><td>1</td><td>成菜效果</td><td>60</td><td></td></tr>
<tr><td>2</td><td>刀工技术</td><td>10</td><td></td></tr>
<tr><td>3</td><td>调味技术</td><td>10</td><td></td></tr>
<tr><td>4</td><td>烹调火候</td><td>10</td><td></td></tr>
<tr><td>5</td><td>完成时间</td><td>10</td><td></td></tr>
<tr><td colspan="3">总分</td><td></td></tr>
<tr><td>学习总结</td><td colspan="4"></td></tr>
<tr><td>任务拓展</td><td colspan="4">根据诗礼银杏的制作方法，从配料、味型等方面进行创新，写下创新菜肴的用料、制作过程、成菜特点和制作关键，并拍下创新菜肴的图片</td></tr>
</table>

工作任务五

糟熘鱼片

糟熘鱼片制作视频

根据“知识准备”模块的内容结合视频，完成工作任务五的预习工作。

知识准备

图 2-10 所示的糟熘鱼片是山东济南经典名菜，属鲁菜系。相传，明代兵部尚书郭忠皋回福山探亲，并将一名福山名厨带进京城（南京），名厨名震京城，成为皇帝的御厨。御厨告老还乡后数年，皇帝思念福山的“糟熘鱼片”，派半副銮驾往福山传召老名厨进宫。后来名厨的家乡被人称为“銮驾庄”。

图 2-10　糟熘鱼片

一、主料营养

糟熘鱼片的主料为青鱼。青鱼鱼肉细嫩鲜美，蛋白质含量超过鸡肉，是淡水鱼中的上品。青鱼中除含有丰富的蛋白质、脂肪外，还含有丰富的硒、碘等微量元素，具有清热明目、补虚益气、益智补脑、抗衰老等功效。青鱼鱼肉中富含锌，锌是酶蛋白的重要组成部分，性腺、胰腺及脑下垂与之密切相关。青鱼鱼肉中富含核酸，是人体细胞所必需的物质，可延缓衰老，辅助疾病治疗。

二、刀工技法

糟熘鱼片的鱼片加工是采用斜刀片的技法，斜刀片又称抹刀片。这种刀法操作时要将刀身倾斜，刀背朝右前方向，刀刃自左前方向右后方运动，将原料片（批）开。

操作方法：将原料放于墩面，左手伸直扶稳原料，右手持刀，刀面呈倾斜状（刀背高于刀刃），刀刃从原料的表面靠近左手的部位向左下方斜片入原料，使之成片。原料片断后，随即左手指微弓，并带动片（批）开的原料向右后方移动，使原料离开刀。如此反复斜刀拉片（批）。

技术要求：刀在运动时，刀膛要紧贴原料，避免原料粘走或滑动；原料的厚薄、大小及斜度，主要通过两手有节奏的配合、落刀的部位和刀的斜度来掌握（图 2-11）。

图 2-11　鱼肉斜刀片

三、烹调技法

糟熘是指原料经加工后上浆处理，植物类原料不上浆、不挂糊，温油滑至断生捞出，锅中加香糟卤调味料和适量汤汁，中火烧沸下料，加热入味，勾芡稠汁成菜。其要求必须选用质地新鲜、细嫩的动物性原料，植物性原料多用冬笋、木耳等（作配料）。原料经加工成较厚大的片状或条状后上浆。糟熘的关键在于香糟卤的选用、提取、正确使用。在调味过程中，菜肴应保持淡黄色泽，所以不使用深色调味料。一般以姜汁、白糖、盐和少许味精，加入香糟卤，正确调味，适当把握投放汤汁。原料经滑油处理至断生，大片状原料要经过油保持完整雁状并排列整齐。其成菜特点：淡黄色、质地软嫩、醇厚浓香、糟香口味突出、明油亮芡。

素养提升

糟熘鱼片作为一道经典名菜，其制作技艺需要经过多道精细的工序，从选材到烹饪，每一环节都需要精湛的技艺和对细节的极致追求。同时，这种技艺也需要随着时代的发展而不断创新，以满足人们日益变化的口味需求。其不仅反映了厨师们对技艺的传承与创新、对品质的追求、对食客的尊重和团队协作精神等方面的工匠精神，也展现了一种对美食文化的热爱和敬意。

【任务实施工单】

<table>
<tr><td>任务描述</td><td colspan="4">糟熘鱼片是鲁菜的一道特色名菜，南北方食客都很欣赏。鲁菜擅长用香糟、爆、熘的方法，有利于保持糟的香味。
（1）熟悉糟熘鱼片的制作程序。
（2）掌握糟熘鱼片的味型特点。
（3）掌握糟熘鱼片的成菜特点</td></tr>
<tr><td>用料</td><td colspan="4">青鱼、木耳（水发）、鸡蛋清、淀粉（蚕豆）、香糟卤、白糖、姜汁、精盐、猪油（炼制）</td></tr>
<tr><td>制作过程</td><td colspan="4">（1）将青鱼宰杀干净，片取鱼肉用凉水泡 2 h（使肉质嫩白），捞出沥去水。
（2）将沥水的鱼肉斜着刀片切成 2.6 cm 见方、0.17 cm 厚的片。
（3）将鱼肉片用鸡蛋清、湿淀粉抓匀浆好。
（4）将炒锅置于微火上，倒入熟猪油烧到四成热（即刚起白泡时），把鱼片逐片下入锅内，用筷子拨散，勿使鱼片粘在一起，滑到五六成熟，倒入漏勺里沥去油。
（5）水发木耳放在开水里烫一下，捞出后散放在汤盘里。
（6）把鸡汤、姜汁、精盐和白糖一起放入汤勺里，用旺火烧开后，下入鱼片，撇去浮沫，倒进香糟。
（7）把 4 g 湿淀粉用 5 g 水调匀，慢慢地淋入汤里，使淀粉汁与汤混合均匀。
（8）沿着勺边先淋入熟猪油 5 g，翻勺后再淋入熟猪油 5 g，倒在盛木耳的汤盘里即成</td></tr>
<tr><td>成菜特点</td><td colspan="4">鱼片洁白鲜嫩，芡汁呈浅金黄色，不稠不稀恰到好处。口味甜中带咸，咸中带鲜，糟香味浓郁</td></tr>
<tr><td>制作关键</td><td colspan="4">（1）用具、容器、汤、油、作料等必须干净，不得有任何渣滓黑点。
（2）鱼片无论是在滑油还是在汤勺上火时，时间均不得过长。
（3）汤勺在火上时不能大开锅猛煮。
（4）香糟卤绝对不能先放，只能在吃芡前放。
（5）吃芡一定要均匀，淀粉兑水时要适当，不能过稀或太稠</td></tr>
<tr><td rowspan="7">考核标准</td><td>序号</td><td>考核项目</td><td>标准分数</td><td>实际得分</td></tr>
<tr><td>1</td><td>成菜效果</td><td>60</td><td></td></tr>
<tr><td>2</td><td>刀工技术</td><td>10</td><td></td></tr>
<tr><td>3</td><td>调味技术</td><td>10</td><td></td></tr>
<tr><td>4</td><td>烹调火候</td><td>10</td><td></td></tr>
<tr><td>5</td><td>完成时间</td><td>10</td><td></td></tr>
<tr><td colspan="3">总分</td><td></td></tr>
<tr><td>学习总结</td><td colspan="4"></td></tr>
<tr><td>任务拓展</td><td colspan="4">根据糟熘鱼片的制作方法，从配料、味型等方面进行创新，写下创新菜肴的用料、制作过程、成菜特点和制作关键，并拍下创新菜肴的图片</td></tr>
</table>

工作任务六

神仙鸭子

神仙鸭子制作视频

根据“知识准备”模块的内容结合视频，完成工作任务六的预习工作。

图 2-12 所示的神仙鸭子是山东地区特色传统名菜之一，属于孔府菜，其菜名之由来，相传孔子后裔孔繁坡在清朝任山西同州知州时，特别喜欢吃鸭子，他的家厨就千方百计变换烹调技法。有一次，这位厨师将鸭子收拾干净后，精心调味，入笼蒸制。因当时没有钟表，用燃香计时，香燃尽后取出鸭子，味香醇美，软烂滑腴。孔知州吃后大加赞赏，于是赐名“神仙鸭子”。

图 2-12　神仙鸭子

一、主料营养

（1）鸭：微山麻鸭是山东微山湖地区特产，中国四大名鸭之一。其选型美观，色泽棕红鲜亮，香气扑鼻，味道佳美，具有肥而不腻、香酥宜人的特点。微山麻鸭营养丰富，富含蛋白质、脂肪、碳水化合物、多种维生素和矿物质等成分，可食部分鸭肉中的蛋白质含量为 16% ～ 25%，比畜肉含量高得多。鸭肉中的脂肪含量适中，约为 7.5%，比鸡肉高，比猪肉低；其脂肪酸中还包含不饱和脂肪酸，消化吸收率比较高。

（2）口蘑：口蘑含有大量植物纤维，具有防止便秘、促进排毒、预防糖尿病及大肠癌、降低胆固醇含量的作用，而且它又属于低热量食品，可以防止发胖。中医理论认为，其味甘性平，益肠益气、散血热、解表化痰、理气等功效。

（3）火腿：火腿色泽鲜艳，红白分明，瘦肉香咸带甜，肥肉香而不腻，美味可口，各种营养成分易被人体所吸收，具有养胃生津、益肾壮阳、固骨髓、健足力、愈创口等作用。

（4）香菇（干）：香菇含有多种维生素、矿物质，对促进人体新陈代谢、提高机体适应力有很大作用；可预防动脉硬化、肝硬化等疾病，对糖尿病、肺结核、传染性肝炎、神经炎等起治疗作用，又可用于消化不良、便秘等。

二、刀工技法

制作神仙鸭子，首先要将净鸭从背尾部横开一刀，去内脏，割去肛门，鸭翅扭翻在鸭背上，放入冷水锅中焯净血水，捞出斩去脚、嘴壳，晾干水汽。

神仙鸭子所用的刀工技法主要是背开法，由背开法取出内脏，具体方法是，用左手按稳鸭子身，使鸭背向右，右手用刀顺背骨切开，掏出内脏（注意拉出嗉囊时用力要均匀适度），用清水冲洗干净。背开法适用于整鸭制作菜品，如清蒸鸡、清蒸鸭、红扒鸡等。习惯上整鸭制作的菜品装盘时均为腹部朝上，采用背开的方法取内脏，使鸭上席后既看不见刀口，又使鸭显得丰满、较美观。

三、烹调技法

隔水蒸（图 2-13）是指把原料放入密封的器皿，再放到沸滚的锅或蒸笼上蒸。隔水炖是指将原料放入炖盅内，加盖，再将炖盅放入装水的锅内（水位在容器口以下），盖上锅盖，慢火长时间加热，把原料炖熟。隔水蒸的温度比隔水炖的温度高，所以必须掌握好蒸的时间，如果蒸的时间不足，会使原料不熟和缺少香鲜味道；如果蒸的时间过长，又会使原料过于熟烂，导致化水而散失食材应有的香味。

图 2-13　鸭子隔水蒸

素养提升

神仙鸭子作为山东名菜，历史悠久，在制作过程中需要精心挑选原料和精湛的烹饪技艺。孔府作为山东的历史文化名地，对菜肴的制作要求非常高，这也促使厨师在制作神仙鸭子时倾注更多的心血和技艺，以符合孔府的饮食标准。这种追求卓越、精益求精的精神正是工匠精神的体现。

【任务实施工单】

<table>
<tr><td>任务描述</td><td colspan="4">神仙鸭子是山东名菜，这个菜历史悠久，相传在明代时已是孔府名肴。
（1）熟悉神仙鸭子的制作程序。
（2）掌握神仙鸭子的味型特点。
（3）掌握神仙鸭子的成菜特点</td></tr>
<tr><td>用料</td><td colspan="4">鸭、口蘑、火腿、香菇（干）、清汤、味精、酱油、盐、葱、黄酒、姜</td></tr>
<tr><td>制作过程</td><td colspan="4">（1）将新鲜填鸭洗净，去掉内脏，砸断小腿骨环，剔去鸭掌大骨，抽去舌及食管，剁去嘴尖，割去肛门、鸭臊，在脊椎骨上划几刀，翻过来在脯肉上拍几下，放入锅内小火烧沸煮 15 min，捞出在冷水中洗净油污。
（2）火腿、冬笋切成长 5 cm、宽 2 cm 的片。
（3）水发冬菇、口蘑去根洗净切成两半。
（4）将鸭脊骨剁断取下，放入砂锅底，鸭腹面朝上放在骨上，口蘑放在鸭腹上成一行，冬笋、火腿、香菇分别摆在口蘑的两边。
（5）将清汤 1 250 mL、精盐、黄酒、酱油倒入砂锅内，加上葱、姜，用玻璃纸将砂锅口盖严捆紧，放在蒸笼内蒸熟。
（6）取出砂锅揭去纸，拣去葱、姜，撒上味精，撇去浮油即成</td></tr>
<tr><td>成菜特点</td><td colspan="4">本味咸鲜，鲜味极佳，汤汁澄清，肉质酥烂，原汤原汁原味</td></tr>
<tr><td>制作关键</td><td colspan="4">（1）焯制鸭子时，应冷水下锅，使其内部的血污和腥膻气味充分排出，还可以在锅中加一些花椒、葱、姜、黄酒，以便去掉腥臊味。
（2）必须将砂锅的口封严，防止原料的香味走失。
（3）蒸熟后必须用筷子拣去葱、姜，以便达到吃时有葱姜味而不见葱姜的特点</td></tr>
<tr><td rowspan="7">考核标准</td><td>序号</td><td>考核项目</td><td>标准分数</td><td>实际得分</td></tr>
<tr><td>1</td><td>成菜效果</td><td>60</td><td></td></tr>
<tr><td>2</td><td>刀工技术</td><td>10</td><td></td></tr>
<tr><td>3</td><td>调味技术</td><td>10</td><td></td></tr>
<tr><td>4</td><td>烹调火候</td><td>10</td><td></td></tr>
<tr><td>5</td><td>完成时间</td><td>10</td><td></td></tr>
<tr><td colspan="3">总分</td><td></td></tr>
<tr><td>学习总结</td><td colspan="4"></td></tr>
<tr><td>任务拓展</td><td colspan="4">根据神仙鸭子的制作方法，从配料、味型等方面进行创新，写下创新菜肴的用料、制作过程、成菜特点和制作关键，并拍下创新菜肴的图片</td></tr>
</table>

工作任务七

八仙过海闹罗汉

八仙过海闹罗汉制作视频

根据“知识准备”模块的内容结合视频，完成工作任务七的预习工作。

知识准备

图 2-14 所示的八仙过海闹罗汉是一道非常有名的孔府菜，它的原料丰富多样，包括鱼翅、海参、鲍鱼等珍贵食材，同时还有鸡胸肉、芦笋、火腿等。这道菜的汤汁浓鲜，色泽美观，形态上则以八仙与罗汉为主题，非常精致。在制作过程中，需要将鸡胸肉剁成泥，并在碗底做成罗汉钱状，再将其余的食材摆放在圆瓷罐中，中间放上罗汉鸡，最后浇上烧开的鸡汤即可。旧时此菜上席即开锣唱戏，人们在品尝美味的同时可以听戏，非常热闹。这道菜不仅展示了孔府菜的特点，同时也反映了旧时奢侈的生活方式。

图 2-14　八仙过海闹罗汉

一、主料营养

（1）鱼翅（干）：鱼翅含降血脂、抗动脉硬化及抗凝成分，对心血管系统疾患有防治功效；鱼翅含有丰富的胶原蛋白，但其蛋白属于不完全蛋白，烹制时应与肉类、鸡、鸭、虾等共烹，以达到蛋白质的互补，既能赋味增鲜，又能滋养、柔嫩皮肤。

（2）海参：海参含胆固醇低，脂肪含量相对少，是典型的高蛋白、低脂肪、低胆固醇食物，对高血压、冠心病、肝炎等患者及老年人堪称食疗佳品，常食对治病强身很有益处；海参含有硫酸软骨素，有助于人体生长发育，能够延缓肌肉衰老，增强机体的免疫力。

（3）鲍鱼干：鲍鱼含有丰富的蛋白质，还有较多的钙、铁、碘和维生素 A 等营养元素；鲍鱼能养阴、平肝、固肾，可调整肾上腺素分泌，具有双向性调节血压的作用；鲍鱼具有滋阴补养的功效，是一种补而不燥的海产，吃后没有牙痛、流鼻血等副作用，多吃也无妨。

（4）鱼肚：鱼肚是海味八珍之一，味道鲜美，营养价值很高。从中医上讲，鱼肚具有补肾益精、滋养筋脉、止血、散瘀、消肿之效。

（5）青虾：虾营养丰富，而且其肉质松软、易消化，对身体虚弱及病后需要调养的人是极好的食物；虾中含有丰富的镁，镁对心脏活动具有重要的调节作用，能很好地保护心血管系统，它可减少血液中的胆固醇含量，防止动脉硬化，同时还能扩张冠状动脉，有利于预防高血压及心肌梗死；虾的通乳作用较强，并且富含磷、钙，对小儿、孕妇尤有补益功效。

（6）火腿：火腿色泽鲜艳，红白分明，瘦肉香咸带甜，肥肉香而不腻，美味可口，各种营养成分易被人体所吸收。

（7）白鱼：白鱼除味道鲜美外，还有较高的药用价值，具有补肾益脑、开窍利尿等作用，尤其是鱼脑，是不可多得的强壮滋补品。

二、刀工技法

八仙过海闹罗汉主要是将原料切成条状，一般采用推切法来进行操作。

推切法一般左手按稳原料，右手操刀。切时，刀垂直向下，既不向外推，也不向里拉，一刀一刀笔直地切下去。直切要求：第一，左右手要有节奏地配合；第二，左手中指关节抵住刀身向后移动，移动时要保持同等距离，不要忽快忽慢、偏宽偏窄，使切出的原料形状均匀、整齐；第三，右手操刀运用腕力，落刀要垂直，不偏里偏外；第四，右手操刀时，左手要按稳原料（图 2-15）。

图 2-15　推切刀法

三、烹调技法

烫爆是将经过刀工处理的脆嫩或脆韧性原料，投入旺火沸汤中迅速浸烫至八成熟捞出入盛器中，再将调好的热汤冲浇在原料上的一种烹调方法。其特点为主料脆嫩，汤醇味鲜。

素养提升

八仙过海闹罗汉这道菜肴选料齐全、制作精细，每一道食材都经过精心挑选和处理，确保达到最佳的品质和口感。其所体现的工匠精神主要包括对品质的追求、精益求精的态度、创新和独特性，对传统的尊重和传承，以及耐心和专注。这些都是现代工匠们应当秉持的价值观念和精神追求。

【任务实施工单】

<table>
<tr><td>任务描述</td><td colspan="4">八仙过海闹罗汉是孔府喜庆寿宴时的第一道名菜。
（1）熟悉八仙过海闹罗汉的制作程序。
（2）掌握八仙过海闹罗汉的味型特点。
（3）掌握八仙过海闹罗汉的成菜特点</td></tr>
<tr><td>用料</td><td colspan="4">鸡胸肉、水发鱼翅、海参、鲍鱼、鱼骨（明骨）、鱼肚、虾仁、白鱼肉、火腿、芦笋、小油菜、绍酒、精盐、鸡精、熟猪油</td></tr>
<tr><td>制作过程</td><td colspan="4">（1）将全部鸡胸肉斩成鸡泥，取一半鸡胸肉（150 g）镶在碗底做成罗汉钱状。
（2）鱼肚切成条，鲍鱼切成片。
（3）白鱼肉切成长条，用刀划开夹入鱼骨。
（4）虾仁做成虾环，将鱼翅与剩余的鸡泥做成菊花鱼翅形。
（5）海参做成蝴蝶形，芦笋洗净后切成 6 ～ 8 cm 等长的 8 段。
（6）将上述原料用精盐、鸡精、绍酒调好口味。
（7）上笼蒸熟取出，分别放在圆瓷罐里，摆成八方，中间放罗汉鸡，上面撒火腿片、姜片及余好的油菜叶。
（8）将烧开的鸡汤和少许熟猪油浇上即可</td></tr>
<tr><td>成菜特点</td><td colspan="4">原料多样，汤汁浓鲜，色泽美观，形如八仙与罗汉</td></tr>
<tr><td>制作关键</td><td colspan="4">（1）活青虾做成虾环。
（2）将水发鱼翅与剩下的鸡泥做成菊花鱼翅形。
（3）水发海参做成蝴蝶形</td></tr>
<tr><td rowspan="7">考核标准</td><td>序号</td><td>考核项目</td><td>标准分数</td><td>实际得分</td></tr>
<tr><td>1</td><td>成菜效果</td><td>60</td><td></td></tr>
<tr><td>2</td><td>刀工技术</td><td>10</td><td></td></tr>
<tr><td>3</td><td>调味技术</td><td>10</td><td></td></tr>
<tr><td>4</td><td>烹调火候</td><td>10</td><td></td></tr>
<tr><td>5</td><td>完成时间</td><td>10</td><td></td></tr>
<tr><td colspan="3">总分</td><td></td></tr>
<tr><td>学习总结</td><td colspan="4"></td></tr>
<tr><td>任务拓展</td><td colspan="4">根据八仙过海闹罗汉的制作方法，从配料、味型等方面进行创新，写下创新菜肴的用料、制作过程、成菜特点和制作关键，并拍下创新菜肴的图片</td></tr>
</table>

工作任务八

拔丝金枣

拔丝金枣制作视频

根据“知识准备”模块的内容结合视频，完成工作任务八的预习工作。

知识准备

图 2-16 所示的拔丝金枣是一道经典的孔府菜。孔府菜是我国经典的官府菜，其做工精细、善于调味、讲究盛器，烹饪技法全面。山东是拔丝菜的发祥地，拔丝、蜜汁、蜜饯等烹饪技法都是山东民间流传下来的甜菜肴绝活，据说在清代已相当知名。著名的山东淄川籍文学家蒲松龄在他的《聊斋文集》中就有“而今北地兴揠果，无物不可用糖粘”的语句，是对山东地区流行拔丝甜菜的证明。大约到了清末民初时期，山东的拔丝菜迅速走向全国，先是京津苏沪，再往后各地餐馆、饭店都有拔丝菜供应了，非常受广大消费者的喜爱。

图 2-16　拔丝金枣

一、主料营养

拔丝金枣的主要原料为山药，山药作为秋季进补的首选食材，堪称“进补第一菜”。山药富含黏液蛋白、氨基酸、维生素及各种微量元素，同时还含有丰富的淀粉酶、山药皂苷和山药多糖等生物活性物质。因此，山药被誉为“白色山药胜人参”，具有补脾养胃、祛除秋燥、增强免疫力等功效。

二、刀工技法

制作拔丝金枣一般不需要刀工技法，但是在制作的过程中需要将蒸熟的山药用刀背压成泥，要注意受力均匀，保证原料被均匀地压成泥，无大块颗粒。

三、烹调技法

拔丝菜的关键是炒糖，现如今流行的炒糖有三种方法。

（1）油炒法：炒时用油，因为油传热快，炒起来糖的变化快，但极容易过火。炒时油不宜放多，油多了主料挂不住糖，就会失去拔丝的意义。

（2）水炒法：锅内先放适量水，下入糖上火，糖受热就溶化，手勺不停地搅动，糖由大泡变小泡，待够火候时即成（图 2-17）。

（3）水油混合法：锅先放少许水，加入白糖，上火烧溶化后，沿锅边淋入适量的油，也是边炒边搅动，放油也不宜多，防止糖油化不沾主料。

图 2-17　拔丝水炒法

无论哪一种炒法，都要掌握好火候，火太大糖会迅速变色炒不好，火太小长时间炒会翻炒不出丝。炒糖时，还要防止锅变焦糊，煳锅边主要是火太大造成的，如果发现这种情况，应及时用抹布擦一下，把锅的方向换一下，以免糊得太厉害。

素养提升

拔丝金枣的主料为寻常山药，却另辟蹊径，将山药制作成金枣的模样，既包含对传统技艺的传承，又包括对创新的追求。拔丝金枣体现了鲁菜独有的工匠精神，通过对原料、技艺、形式美感和味觉体验的极致追求，展现了厨师对料理的热爱和对品质的不懈追求。

【任务实施工单】

<table>
<tr><td>任务描述</td><td colspan="4">拔丝金枣属于以烧、炒、煨、炸、拔见长的山东菜系。
（1）熟悉拔丝金枣的制作程序。
（2）掌握拔丝金枣的味型特点。
（3）掌握拔丝金枣的成菜特点</td></tr>
<tr><td>用料</td><td colspan="4">山药、甜豆沙、淀粉、花生油、凉开水、白糖、香油</td></tr>
<tr><td>制作过程</td><td colspan="4">（1）山药去皮蒸熟（也可洗净带皮蒸），蒸熟的山药用刀背压成泥，用手多揉搓一下会更细腻。
（2）把山药泥做成金枣状（事先在盘里放入淀粉，以免粘黏），包入豆沙，揉搓成小枣的形状。
（3）下油锅炸，外壳炸脆、炸硬，炸至金黄酥脆，捞出沥油。
（4）倒去多余的油，锅底留少许的油，加入适量的白糖，中小火翻炒使糖均匀受热，转小火不停炒至白糖熔化。
（5）炒好的糖浆呈浅黄色（琥珀色）时下原料的效果最好。
（6）倒入炸好的原料，快速翻炒让糖汁均匀裹上山药，离火出锅。
（7）吃的时候要备一碗凉开水，过一下水再吃会更酥脆，也避免被烫伤</td></tr>
<tr><td>成菜特点</td><td colspan="4">色黄、丝长，甜绵适口，又脆又甜，有山药、豆沙味</td></tr>
<tr><td>制作关键</td><td colspan="4">（1）炒糖时须用中小火炒让糖受热均匀，转小火使糖熔化。
（2）炒糖时掌握好火候和成熟度。
（3）掌握好制作时间</td></tr>
<tr><td rowspan="7">考核标准</td><td>序号</td><td>考核项目</td><td>标准分数</td><td>实际得分</td></tr>
<tr><td>1</td><td>成菜效果</td><td>60</td><td></td></tr>
<tr><td>2</td><td>刀工技术</td><td>10</td><td></td></tr>
<tr><td>3</td><td>调味技术</td><td>10</td><td></td></tr>
<tr><td>4</td><td>烹调火候</td><td>10</td><td></td></tr>
<tr><td>5</td><td>完成时间</td><td>10</td><td></td></tr>
<tr><td colspan="3">总分</td><td></td></tr>
<tr><td>学习总结</td><td colspan="4"></td></tr>
<tr><td rowspan="6">任务拓展</td><td colspan="4">根据拔丝金枣的制作方法，从配料、味型等方面进行创新，写下创新菜肴的用料、制作过程、成菜特点和制作关键，并拍下创新菜肴的图片</td></tr>
<tr><td colspan="2"></td><td colspan="2" rowspan="5"></td></tr>
<tr><td colspan="2"></td></tr>
<tr><td colspan="2"></td></tr>
<tr><td colspan="2"></td></tr>
<tr><td colspan="2"></td></tr>
</table>

工作任务九

三美豆腐

三美豆腐制作视频

根据“知识准备”模块的内容结合视频，完成工作任务九的预习工作。

知识准备

图 2-18　三美豆腐

图 2-18 所示的三美豆腐来源于山东泰安的一句谚语：泰安有三美，白菜、豆腐、水。泰安白菜分青菜和黄菜两种，个大心实，质细无筋，水分大，味甘甜。泰安豆腐选用北方黄豆浸泡后，放进细磨中磨浆除渣、煮沸、点膏、装包压形成块。由于细磨浆大，且泰山水质好，做出的豆腐具有质细洁白、嫩而不散、富有弹性、味道甘美的特色。

一、主料营养

泰山豆腐具有鲜、白、嫩、爽、香、滑的特点，且没有豆腥味，久煮不老、不糊。把泰山豆腐放在手掌里，会顺势滑下来，但不会裂开，甚是奇特，故称“泰山神豆腐”。泰山豆腐味甘性寒而能清热，具有散瘀血、调和脾胃、清肿胀、下浊气、清血利便等功能。

二、刀工技法

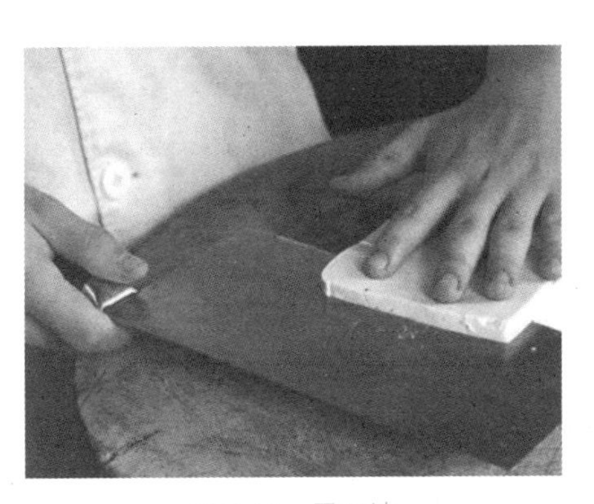

图 2-19　平刀法

制作三美豆腐，首先要将豆腐切成长 3.5 cm、宽 2.5 cm、厚 1.5 cm 的片，此时需要使用平刀法（图 2-19）。

平刀法是指刀面与砧板平行，刀保持水平运动的刀法。运刀要用力平衡，不应此轻彼重，从而产生凹凸不平的现象。依据用力方向，这种刀法可分为平刀直片、平刀推片、平刀拉片、平刀抖片、平刀滚料片等。其中，平刀直片是指刀刃与砧板平行批进原料。平刀直片适用于易碎的软嫩原料，如豆腐、豆腐干、鸡（鸭）血。

三、烹调技法

豆腐本身无味，需要使用奶汤通过烧制方能入味。烧是指将前期熟处理的原料经炸煎或水煮加入适量的汤汁和调味料，先用大火烧开，调基本色和基本味，再改中小火慢慢加热至将要成熟时定色，定味后旺火收汁或是勾芡汁的烹调方法。烧有红烧、白烧、干烧等几种方法。

烧制时所选用的主料多数是经过油炸煎炒或蒸煮等熟处理的半成品，也可以直接采用新鲜的原料。所用的火力以中小火为主，加热时间的长短根据原料的老嫩和大小而不同。汤汁一般为原料的四分之一左右，烧制菜肴后期转旺火勾芡或不勾芡。因此，成菜饱满光亮，入口软糯，味道浓郁。

素养提升

三美豆腐的主料为寻常豆腐，却能成为泰安地区有名的特色菜肴、山东地区特色传统名菜之一，正是因为其细致的原料选择和精湛的烹饪技术。学习烹饪技术，应当精选材料，精于细节，细致处理，弘扬精益求精、内心笃定且着眼于细节的耐心、执着、坚持的工匠精神。

【任务实施工单】

<table>
<tr><td>任务描述</td><td colspan="4">三美豆腐是山东地区特色传统名菜之一，也是鲁菜菜系中很有特色的菜式之一。
（1）熟悉三美豆腐的制作程序。
（2）掌握三美豆腐的味型特点。
（3）掌握三美豆腐的成菜特点</td></tr>
<tr><td>用料</td><td colspan="4">泰安豆腐、泰安白菜、熟猪油、奶汤、葱、姜、精盐、味精、鸡油</td></tr>
<tr><td>制作过程</td><td colspan="4">（1）选用泰安白菜心，撕成 30 cm 长的劈柴块，洗净沥干水分，用开水略氽，放入盘内。
（2）豆腐蒸熟用刀切成长 3 cm、宽 2 cm、厚 0.5 cm 的片，放在同一盘内。
（3）炒锅内放入熟猪油，烧至五成热（约 110 ℃），加入葱、姜末炸出香味，放入奶汤、精盐、白菜、豆腐，烧沸后撇去浮沫，加入味精，淋鸡油出锅即成</td></tr>
<tr><td>成菜特点</td><td colspan="4">汤汁乳白，豆腐软滑，白菜鲜嫩，味鲜美，清淡爽口</td></tr>
<tr><td>制作关键</td><td colspan="4">（1）豆腐切块，规格整齐，大小、宽窄一致，不能出现切而不断的连刀。
（2）煮制时掌握好火候和成熟度。
（3）掌握好制作时间</td></tr>
<tr><td rowspan="7">考核标准</td><td>序号</td><td>考核项目</td><td>标准分数</td><td>实际得分</td></tr>
<tr><td>1</td><td>成菜效果</td><td>60</td><td></td></tr>
<tr><td>2</td><td>刀工技术</td><td>10</td><td></td></tr>
<tr><td>3</td><td>调味技术</td><td>10</td><td></td></tr>
<tr><td>4</td><td>烹调火候</td><td>10</td><td></td></tr>
<tr><td>5</td><td>完成时间</td><td>10</td><td></td></tr>
<tr><td colspan="3">总分</td><td></td></tr>
<tr><td>学习总结</td><td colspan="4"></td></tr>
<tr><td>任务拓展</td><td colspan="4">根据三美豆腐的制作方法，从配料、味型等方面进行创新，写下创新菜肴的用料、制作过程、成菜特点和制作关键，并拍下创新菜肴的图片</td></tr>
</table>

工作任务十

博山豆腐箱

博山豆腐箱制作视频

根据“知识准备”模块的内容结合视频，完成工作任务十的预习工作。

知识准备

图 2-20 所示的博山豆腐箱又名山东豆腐箱、齐国豆腐箱，是山东省淄博市的传统名菜，属于鲁菜系。博山豆腐箱的主要原料是豆腐，将豆腐切成条块状，炸至金黄，中间挖空填入精心炒制的馅料，再上锅蒸制，最后浇入芡汁而成，摆入盘内仿佛一个个盛满珍宝的金色箱子，故名“豆腐箱”。博山豆腐箱历史悠久，大概在清代成型。清乾隆《御茶膳房·膳底档》中记载，乾隆皇帝膳单中常会出现一道“厢子豆腐”，厢即箱，为当时妇女收藏首饰的小箱子。相传乾隆皇帝南巡时，曾临幸博山，当地招待用膳时上有豆腐箱这道菜，其外形独特，寓意吉祥，口感细腻，满口浓香，乾隆用后赞不绝口，后来这道菜便常出现在乾隆皇帝的膳单中，并为满汉全席九白宴中的热菜四品之一。中华人民共和国成立后，博山豆腐箱因其独特的做法及风味登上了人民大会堂国宴之列，深受中外宾客的关注和喜爱。现如今，博山豆腐箱更是走进了寻常百姓家，走进了大大小小的博山菜馆里，博山豆腐箱成了人们必点的一道菜。

图 2-20　博山豆腐箱

一、主料营养

博山豆腐色泽淡黄，软嫩适口，味美清香，采用“酸浆”点脑，而不用普通的“盐卤”点浆法，因而成品外黄内白，无卤苦味，细嫩瓷实，适宜造型。博山豆腐富含亚油酸而不含胆固醇，有益于人体的生长发育，具有一定的抗血栓功效；内含钙质，可补充钙以预防和纠正骨质疏松等症状；可补充人体所需的蛋白质，以提高机体免疫力和抗病力；有利于调节雌激素水平及调理身体。

二、刀工技法

图 2-21　豆腐箱的制作

博山豆腐箱在制作过程中一般不需要独特的刀工技法，先将豆腐切成六分方、寸二长的长方块，用花生油炸至金黄色捞出，在油炸豆腐块的一面薄薄地切开表皮，三面切开，留一面连着，形如“箱盖”。然后挖出“箱”内没有炸到的豆腐，填上调好的馅料，盖好“箱盖”即可（图 2-21）。

三、烹调技法

将处理好的原料下入宽油锅中，浸在油内，经加热使之成熟，称为炸。而凡以生料经调味上色或未经调味上色，直接油炸成菜的，则称为清炸，清炸这种烹制方法在鲁菜中较为常用。炸的操作过程：把加工处理好的生料，经过腌渍上色后（或未经腌渍上色）直接放入油锅中，先慢火后旺火，炸至表面呈金黄色，且内部熟透而成菜。清炸菜的特点：操作简便，烹制时间较短，菜品色泽鲜艳，口味清新，口感香脆、嫩滑。

素养提升

随着时代发展，饮食文化也在不断提升，厨师们的工匠精神也在深入拓展，传统豆腐箱这道菜的主料仅为简单易得的豆腐，但经过数代厨师的不断创新和研发，不仅从口味上又分为家常豆腐箱、三鲜豆腐箱、海味豆腐箱、全素豆腐箱、清真豆腐箱、四味豆腐箱、八宝豆腐箱、什锦豆腐箱等，而且从形态上又分为方形豆腐箱、心形豆腐箱、灯笼豆腐箱、元宝豆腐箱、太极豆腐箱、金钱豆腐箱等，体现出在长期实践中，培育形成的爱岗敬业、争创一流、勇于创新的劳模精神，崇尚劳动、热爱劳动、辛勤劳动、诚实劳动的劳动精神和执着专注、精益求精、一丝不苟、追求卓越的工匠精神。

【任务实施工单】

<table>
<tr><td>任务描述</td><td colspan="4">博山豆腐箱又名山东豆腐箱、齐国豆腐箱，是山东省淄博市的传统名菜，属于鲁菜系。2018 年 9 月 10 日，“中国菜”正式发布，博山豆腐箱被评为“山东十大经典名菜”。
（1）熟悉博山豆腐箱的制作程序。
（2）掌握博山豆腐箱的味型特点。
（3）掌握博山豆腐箱的成菜特点</td></tr>
<tr><td>用料</td><td colspan="4">海米、猪瘦肉、冬笋、香菇、豆腐、黄瓜、笋丝、西红柿、葱姜蒜适量</td></tr>
<tr><td>制作过程</td><td colspan="4">（1）用温水泡好海米、木耳，豆腐去皮，切六分方、寸二长方块，入油锅炸至皮见硬时捞出，贴豆腐块的长边，用刀切至近底成盖（不要切断），揭开，挖出豆腐心，使之呈小箱形，放入盘中。
（2）将肉、海米、木耳、葱、姜、蒜分别切末，勺内放香油，开后投葱姜，肉炒到八分熟，加酱油、海米、木耳、盐翻炒均匀关火，加入砂仁面拌匀，盛入碗内。
（3）将以上馅料装入豆腐箱内，码成塔形，放入蒸锅内蒸约 15 min 取出。勺内另放香油，开后放入葱姜蒜一煸，烹醋，投木耳、黄瓜片、笋丝、酱油、汁汤，开后调生粉勾薄芡，淋在豆腐箱上即成</td></tr>
<tr><td>成菜特点</td><td colspan="4">芡汁清亮，口感细腻，食后满口留香；外皮有韧性而内馅滑嫩，吃起来酸爽可口</td></tr>
<tr><td>制作关键</td><td colspan="4">（1）豆腐要切得大小均匀。
（2）炸制时掌握好火候，油温要高，使豆腐表面形成金黄色硬壳。
（3）蒸好之后再淋上调好的芡汁</td></tr>
<tr><td rowspan="7">考核标准</td><td>序号</td><td>考核项目</td><td>标准分数</td><td>实际得分</td></tr>
<tr><td>1</td><td>成菜效果</td><td>60</td><td></td></tr>
<tr><td>2</td><td>刀工技术</td><td>10</td><td></td></tr>
<tr><td>3</td><td>调味技术</td><td>10</td><td></td></tr>
<tr><td>4</td><td>烹调火候</td><td>10</td><td></td></tr>
<tr><td>5</td><td>完成时间</td><td>10</td><td></td></tr>
<tr><td colspan="3">总分</td><td></td></tr>
<tr><td>学习总结</td><td colspan="4"></td></tr>
<tr><td>任务拓展</td><td colspan="4">根据博山豆腐箱的制作方法，从配料、味型等方面进行创新，写下创新菜肴的用料、制作过程、成菜特点和制作关键，并拍下创新菜肴的图片</td></tr>
</table>

【作品赏析】

山东省职业院校技能大赛烹饪赛项热菜作品赏析（图 2-22、图 2-23）。

图 2-22　花开富贵

图 2-23　金凤还巢

项目三

广东风味热菜制作

项目三彩图

项目导读

粤是广东省的简称，粤菜的范围却大于广东省。粤菜分布在广东、广西、海南、香港、澳门，覆盖了岭南地区。

打开世界地图，岭南处于欧亚大陆的东南端，扇形向海，这样的地理优势造就了岭南文化的海洋特质。而岭南地区，北面蜿蜒层叠的南岭山脉是阻挡寒流的一道绿色屏障。从北往南，高山密林，丘陵溪涧。岭南因地处亚热带和热带，全年高温多雨，植物种类繁多，且经冬不凋。全国第二大、第三长的珠江水系横贯全境，早在新石器时期，岭南的先人已经在肥沃的珠江三角洲上繁衍生息。另外，岭南海域自古以来就是中国连接世界的交通枢纽，早在秦汉时期就开辟了“海上丝绸之路”，繁荣的商贸给岭南带来源源不断的多国食材。所以，明末清初著名的广东学者屈大均在《广东新语》里提到：“天下所有之食货，粤东几尽有之；粤东所有之食货，天下未必尽有也。”可以说，岭南食材之丰、商贸之盛、食风之炽，成就了粤菜。

粤菜以选料广杂精细、工艺博采中外、风味崇尚清鲜而独树一帜，风行寰宇。粤菜分为三大流派——广府菜、潮州菜、客家菜，这是由岭南三大方言民系形成的。广府民系讲粤语，分布于珠江三角洲、粤中、粤西南、香港、澳门和广西南部，选料精奇，用料广泛，品种众多，口味讲究清鲜、爽脆、嫩滑，制作考究，善于变化，擅长炒、油泡、焗、焖、炸、烤、浸等技法，注重火候，追求锅气。潮州民系讲潮州话，聚居于粤东潮汕地区，以及惠东、揭西小部分地区，以海产品为主，擅长烹制海鲜，菜肴口味清醇，偏重香、鲜、甜。客家民系讲客家话，聚居在粤东梅州地区、粤北韶关、粤中惠州和汕尾一带，以禽畜及山区自产的豆腐、腌菜、竹笋为特色，“主咸重油，汁浓油亮，酥烂入味”。

岭南自古风物华，果珍馐美不须夸。粤菜以其清淡鲜美、精工细作的特色享誉海内外，五味调和间凝聚着世代相传的精湛技艺和绵远丰厚的人文底蕴，诠释着世人对美好生活的向往和追求。“食不厌精”“不时不食，不鲜不吃”“粗料精选，粗料精做”“药膳同源”等饮食文化理念深入人心、代代相传。特别是改革开放以来，伴随广东开放的经济环境、高速发展所带来的人口内外迁徙，粤菜表现出更加旺盛的生命力，与广东这片热土一起兼容并包、积极进取、蓬勃发展，使“食在广州”蜚声海外、誉满天下（图 3-1）。

图 3-1　烤乳猪

客家酿豆腐

客家酿豆腐（煎酿豆腐）制作视频

根据“知识准备”模块的内容结合视频，完成工作任务一的预习内容。

客家人为什么爱吃酿豆腐（图 3-2）？

有一种说法是缘于招待客人。家里来了两拨客人，一拨客人爱吃豆腐，另一拨客人无肉不欢。好客的主人谁都想讨好，聪明的厨师说这不难，把肉酿进豆腐里不就皆大欢喜。另一说法是与吃饺子有关。客家人的祖先来自中原，骨子里有爱吃饺子的基因，迁移到山区却找不到面粉了，怎么办？有豆腐啊，于是“山寨版”的饺子隆重登场。

图 3-2　客家酿豆腐

前者，旨在强调客家菜常见的一种烹饪技法，即将肉馅置入另一食物中。历史上，客家人总是在路上，随身携带的肉食极其有限，这就需要搭配素菜以进食，这个搭配的动作，就是酿。客家菜似乎无所不酿：酿苦瓜、酿茄子、酿辣椒、酿豆角、酿腐皮、酿冬菇、酿鸡蛋、酿猪红等，以至于细嫩如芽菜，皆可一酿。

后者，重在彰显客家菜的文化基因。客家先民远离祖先的根据地，并不敢忘记渐行渐远却又与血脉息息相关的根之所系。如吃饺子，是客家先民一种最民俗的文化记忆，尤其是逢年过节，若饭桌上没有饺子，则年味、节味全无。于是，勤劳智慧的客家人便制作了“山寨版”的饺子——酿豆腐，以弥补乡愁。

一、主料营养

豆腐是大豆制品之一，品种很多，有南豆腐、北豆腐、水豆腐、板豆腐、袋装豆腐、充填豆腐等。豆腐风味清淡，适用于各种烹调，还可以加工成各种豆制品，如豆腐乳、豆皮等。南豆腐每 100 g 中含有水分 88 g、蛋白质 6 g、脂肪 2.5 g，还富含其他的维生素和矿物质。北豆腐每 100 g 中含水分 80 g、蛋白质 12 g、脂肪 4.8 g，也富含其他的维生素和矿物质。从它的营养成分看，豆腐可作为一种优质蛋白质的来源，其中南豆腐和北豆腐相比，南豆腐的含水量较高；北豆腐中蛋白质的含量相对较高，是蛋白质的优质来源。

二、刀工技法

1. 直刀法

直刀法就是在操作时刀口朝下，刀背朝天，刀身向砧板平面做垂直运动的一种运刀方法。直刀法操作灵活多变、简练快捷，适用范围广。由于原料性质及形态要求不同，直刀法又可分为切、剁、斩等几种操作方法。

2. 剁法

剁法是指刀垂直向下，频率较快地斩碎或敲打原料的一种直刀法（图 3-3）。

图 3-3　剁法 1

为了提高效率，剁时通常左右手持刀同时操作，这种剁法也称为排斩。剁可分为刀口剁和刀背剁两种。剁法适用于无骨韧性的原料，可将原料制成蓉或末状，如肉丸、鱼蓉、虾胶等。

（1）剁法的操作要领：

①一般两手持刀，保持一定的距离，刀与原料呈垂直线。

②运用腕力，提刀不宜过高，用力以刚好断开原料为准。

③有节奏地匀速运力，同时左右上下来回移动，并酌情翻动原料。

（2）注意事项：

①原料在剁之前，最好先切成片、条、粒或小块，然后再剁，这样易均匀、不粘连。

②为防止肉粒飞溅，剁时可不时将刀入清水中浸湿再剁，以避免肉粒粘刀（此种方法视具体情况而定，某些品种原料不宜采用）。

（3）剁时注意用力大小，以能断料为度，避免刀刃嵌入砧板。

三、烹调技法

（1）烹调技法。

1）烹调技法：煎。把加工好的原料排放在有少量油的热锅内，用中慢火均匀加热，使原料表面呈金黄色，微有焦香，肉软嫩且熟，经调味而成一道热菜的烹调方法称为煎。

煎法有以下特点：

①菜料表面有金黄色的煎色，气味芳香、口感香酥。

②形状以扁平、平整为主。

2）烹调技法：煎焖。原料经过煎香后，加入汤水和调味料略焖而成一道热菜的方法称为煎焖。

煎焖法有以下特征：

①菜式由煎和焖共同完成，先煎后焖，以煎为主。

②成品具有煎的焦香，又有焖的软滑、入味。

（2）工艺程序（图3-4）和工艺方法。

①根据菜式设计要求进行原料造型。

②将原料煎至金黄色。

③加汤水及调味料，略焖。

④勾芡。

原料造型 ⟶ 煎至金黄色 ⟶ 略焖 ⟶ 勾芡 ⟶ 成品

图3-4　工艺程序

（3）操作要领。

①本菜为煎与焖相结合，先煎后焖，以煎为主。

②原料若以酿馅形式造型，须将馅酿牢。

③焖制时间不宜过长。

文化自信

文化自信是一个国家、一个民族、一个政党对自身文化价值的充分肯定，是对中华优秀传统文化、革命文化的自信，是对中国特色社会主义文化发展道路的自信。

客家酿豆腐是粤菜的一道传统名菜，多年来海内外口碑载道，多位文化名人都与之颇有渊源。例如，乾隆皇帝下江南，偶遇一个客家妹子，又吃了她巧手烹制的酿豆腐，那嫩滑混杂咸香的口感挥之不去，皇帝便金口一开将此菜御封为“客家第一菜”。

孙中山先生也对酿豆腐情有独钟。那年他到梅县松口镇约见同盟会友人，进餐时有乡绅用客家话介绍道：“这是酿豆腐，既好绑饭，又好绑酒。”“羊斗虎？怎么‘绑’‘饭’‘酒’？”有人连忙拿笔写了“酿豆腐”三字，同时解释道：“‘绑’是客家话，下的意思。”先生不禁哈哈大笑。自那以后，先生吃饭时常会问起“羊斗虎”。若问：哪里的“羊斗虎”——酿豆腐最好吃？这个真的很难回答。客家人有一句话，叫“蒸酒做豆腐，不可以称老师傅”，所述意思相当于“一山更比一山高”，当你以为某天置身于品尝酿豆腐的高山时，很快就会惊觉不远处还有更高的山。

【任务实施工单】

<table>
<tr><td>任务描述</td><td colspan="4">校企合作单位中国大酒店预选拔我校优秀学生开展区政府组织的公益活动，共同前往社区长者饭堂制作客家酿豆腐，宣传康养粤菜，根据老年饮食营养需求，厨师长安排学生在 30 min 内出菜交给热菜主管，检查合格后交由服务员出餐</td></tr>
<tr><td>用料</td><td colspan="4">原料：鱼肉、猪肉、豆腐、虾米、左口鱼末。
调味料：精盐、味精、鸡精、白糖、淀粉、胡椒粉、食用油、芝麻油、豆酱、芫荽、老抽、生抽、绍酒、陈皮</td></tr>
<tr><td>制作过程</td><td colspan="4">（1）将豆腐切成长约 5 cm、宽 4 cm、厚约 2.5 cm 的块，在每块豆腐中间挖一个长约 2 cm、宽 1 cm 的小洞。
（2）将猪肉、鱼肉、虾米切成细粒，加入精盐和其他调味料拌匀成肉馅。
（3）在每一小块豆腐内酿入肉馅，湿水抹滑酿口。
（4）将酿好的豆腐排在热油锅中，用中火煎至金黄色取出。
（5）原锅下虾米、陈皮爆香，烹入绍酒，加沸水及煎过的豆腐，加盖略焖。
（6）下生抽、胡椒粉、芝麻油等调味料，再下老抽调色，勾芡，加包尾油，撒上左口鱼末和芫荽即成</td></tr>
<tr><td>成菜特点</td><td colspan="4">豆腐外形完整、嫩滑，肉鲜爽嫩滑，味道咸鲜，香气浓，芡色油亮</td></tr>
<tr><td>制作关键</td><td colspan="4">（1）煎焖结合，先煎后焖，以煎为主，煎至馅料呈金黄色即可，用小火慢焖，以便入味和透香。
（2）开口大小一致，豆腐酿肉馅必须酿紧实。
（3）豆腐焖制时间不宜过长，最好用砂锅慢火焖制。
（4）豆腐较嫩，因此制馅料时可多加些水，使馅料稀稠，便于酿制</td></tr>
<tr><td rowspan="7">考核标准</td><td>序号</td><td>考核项目</td><td>标准分数</td><td>实际得分</td></tr>
<tr><td>1</td><td>成菜效果</td><td>60</td><td></td></tr>
<tr><td>2</td><td>刀工技术</td><td>10</td><td></td></tr>
<tr><td>3</td><td>调味技术</td><td>10</td><td></td></tr>
<tr><td>4</td><td>烹调火候</td><td>10</td><td></td></tr>
<tr><td>5</td><td>完成时间</td><td>10</td><td></td></tr>
<tr><td colspan="3">总分</td><td></td></tr>
<tr><td>学习总结</td><td colspan="4"></td></tr>
<tr><td rowspan="5">任务拓展</td><td colspan="4">根据客家酿豆腐的制作方法，从配料、味型等方面进行创新，写下创新菜肴的用料、制作过程、成菜特点和制作关键，并拍下创新菜肴的图片。
酿的定义：将蓉状馅料填抹在另一原料的空穴或表面上，从而成为一完整、美观的造型原料的造型手法。空穴主要指原料的内孔或凹处。
酿的工艺要求：
（1）酿馅应饱满微凸。
（2）造型美观，符合设计要求。
（3）酿馅牢固，不轻易脱落</td></tr>
<tr><td colspan="2">1. 运用煎焖法制作家庭菜肴煎酿凉瓜</td><td colspan="2" rowspan="4"></td></tr>
<tr><td colspan="2">2. 为什么肉馅会脱落</td></tr>
<tr><td colspan="2">3. 为什么肉馅口感不嫩滑</td></tr>
<tr><td colspan="2">4. 用砂锅焖制豆腐有什么好处</td></tr>
</table>

桂花炒瑶柱

桂花炒瑶柱制作视频

根据“知识准备”模块的内容结合视频，完成工作任务二的预习工作。

“桂花”在粤菜烹饪中有两个含义：一个是指它的实体，即木樨树长出的芳香小花朵；另一个是寓意，即用鸡蛋炒成碎碎的、似桂花的菜式。“桂花炒瑶柱”是传统粤菜“桂花炒鱼翅”的姊妹篇，因为鱼翅比较名贵，不及瑶柱大众化，改用“瑶柱”为配料，命名为“桂花炒瑶柱”（图 3-5）。本菜肴虽然属于炒蛋，但与其他炒蛋法有所区别，要求蛋炒至干香，即为炒“老”蛋。

图 3-5　桂花炒瑶柱

据史册记载，慈禧太后酷爱桂花，在颐和园中广为种植，花开之时，满园飘香、景色宜人。直隶总督荣禄命官厨仿桂花之形之色创制出桂花鱼翅、桂花干贝等菜以示对朝廷效忠。光绪二十七年、光绪二十九年，慈禧太后两次过保定，据说曾品尝此菜，也是满齿留香、盛赞不绝。

一、主料营养

鸡蛋也称鸡卵、鸡子，是母鸡所生的卵。其外有一层硬壳，内则有气室、卵白及卵黄部分。鸡蛋富含蛋白质，营养丰富，一个鸡蛋约重 60 g，含蛋白质 7 ～ 8 g。蛋白质中的氨基酸比例很适合人体生理需要，易被机体吸收，利用率可以达到 98% 以上，营养价值很高，是人们常食用的食物之一，其蛋清的食疗作用主要是润肺利咽、清热解毒，治疗咽痛、目赤、腹泻、疟疾、烧伤；鸡蛋黄加乳汁适量服用有治疗惊厥的作用。

二、刀工技法

1. 直刀法

直刀法就是在操作时刀口朝下，刀背朝天，刀身向砧板平面做垂直运动的一种运刀方法。直刀法操作灵活多变、简练快捷，适用范围广。由于原料性质及形态要求不同，直刀法又可分为切、剁、斩等几种操作方法。

2. 剁法

剁法是指刀垂直向下，频率较快地斩碎或敲打原料的一种直刀法（图 3-6）。为了提高工作效率，剁时通常左右手持刀同时操作，这种剁法也称为排斩。剁可分为刀口剁和刀背剁两种。剁法适用于无骨韧性的原料，可将原料制成蓉或末状，如肉丸、鱼蓉、虾胶等。

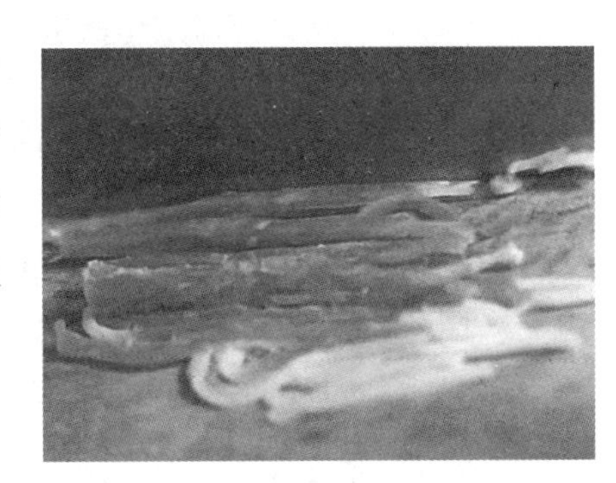

图 3-6　剁法 2

（1）剁法的操作要领：

①一般两手持刀，保持一定的距离，刀与原料呈垂直线。

②运用腕力，提刀不宜过高，用力以刚好断开原料为准。

③有节奏地匀速运力，同时左右上下来回移动，并酌情翻动原料。

（2）注意事项：

①在剁之前，最好先将原料切成片、条、粒或小块，然后再剁，这样易均匀、不粘连。

②为防止肉粒飞溅，剁时可不时将刀入清水中浸湿再剁，以避免肉粒粘刀（此种方法视具体情况而定，某些品种原料不宜采用）。

③剁时注意用力大小，以能断料为度，避免刀刃嵌入砧板。

3. 蓉

蓉是指用刀将原料剁成细末状的形态，如鸡蓉、虾胶、火腿末等。制蓉时要注意砧板干净，防止砧板屑混入。

三、烹调技法

选用形体较小的原料（如丁、丝、片、球、块、段等）或液体原料，放在有底油的热锅内，通过猛火加热和翻动原料的方式，使原料均匀成熟、着味，这种短时间快速制成一道热菜的烹调方法称为炒。

1. 软炒法

根据主料的特性及对主料处理方法的不同，其中以蛋液（或牛奶加蛋清）为菜肴主体，运用火候及翻炒动作技巧，使液体原料成为柔软嫩滑的定型食品的方法，称为软炒法。

软炒法具有以下特点：

（1）是将蛋液（或牛奶加蛋清）炒至凝结的方法。

（2）运用中火或中慢火烹制。

（3）不用调味料改变原料色泽或调出菜肴色泽，以保持原色为美。

（4）成品清醇、软滑、清香、色泽清新。

炒蛋有半熟炒法、仅熟炒法和熟透炒法三种。半熟炒法没有副料，仅熟炒法可配也可不配副料，熟透炒法要配副料。

2. 半熟炒法

半熟炒法在炒制时，只有下面蛋液贴锅加热，上面不贴锅，形成一个光滑明亮的表面，如炒黄埔蛋。

3. 仅熟炒法

仅熟炒法要求把蛋液炒得均匀仅熟，肉料嵌在蛋中，口感嫩滑，如滑蛋虾仁。

4. 熟透炒法

熟透炒法是把蛋液炒至熟透，并炒出香气，使菜肴香气十足，且色泽金黄，如桂花鱼翅。

法治意识

法治意识是对于现行法律发自内心的认可、崇尚、遵守和服从，需要基于对法律的认识形成对法律的情感认同，成为社会主义法治的忠实崇尚者、自觉遵守者和坚定捍卫者。没有买卖就没有伤害，每年都有成千上万条鲨鱼遭受斩杀，送入市场，这不利于生态环境的保护，所以聪慧的粤菜师傅将银针（绿豆芽去头尾，长约 7 cm）代替鱼翅，再用粤菜文化赋予它新的生命，赋诗“黄花吐艳腿蓉香，贝味奇鲜蟹柳长。更有银丝神似翅，一盘金玉一诗章。”

【任务实施工单】

<table>
<tr><td>任务描述</td><td colspan="4">校企合作单位中国大酒店预选拔我校优秀学生开展区政府组织的美食节活动，共同前往广州国际美食节，在主会场番禺区长隆万博商务区万博中心制作桂花炒瑶柱，宣传粤菜饮食文化，根据制作需求，厨师长安排学生在 25 min 内出菜交给热菜主管，检查合格后交由服务员出餐</td></tr>
<tr><td>用料</td><td colspan="4">原料：湿发粉丝、鸡蛋液、银针（去头尾芽菜）、熟火腿末。
调味料：精盐、味精、绍酒、麻油、胡椒粉、二汤、花生油。
料头：姜末、葱末、姜片、葱条</td></tr>
<tr><td>制作过程</td><td colspan="4">（1）原料初加工：瑶柱洗净，加姜片、葱条、绍酒、二汤上笼蒸 30 min 至熟透，取出拆成丝；粉丝切成长 4 cm 的段，滤干水分；鸡蛋液中加入精盐、味精充分搅拌。
（2）炒制：洗净炒锅，下油烧热，下芽菜煸炒至五成熟，盛出待用；烧锅下油烧至 150 ℃，下瑶柱丝炸香，盛起，沥油；利用锅中余油，下葱末、姜末爆香，下鸡蛋液，炒至干香成碎片，再下粉丝、银针，调入味精，翻炒至松散、干香，最后加瑶柱丝炒匀，盛入碟中即成</td></tr>
<tr><td>成菜特点</td><td colspan="4">味道甘香、色泽淡黄明朗、美味清香、爽口，有独特风味，蛋花形似桂花、鲜咸醇香、松软可口，营养丰富</td></tr>
<tr><td>制作关键</td><td colspan="4">（1）瑶柱蒸发透，粉丝浸透后滤干水分，鸡蛋液与味料充分和匀。
（2）要掌握火候，炒至原料松散透香，但不宜过干</td></tr>
<tr><td rowspan="7">考核标准</td><td>序号</td><td>考核项目</td><td>标准分数</td><td>实际得分</td></tr>
<tr><td>1</td><td>成菜效果</td><td>60</td><td></td></tr>
<tr><td>2</td><td>刀工技术</td><td>10</td><td></td></tr>
<tr><td>3</td><td>调味技术</td><td>10</td><td></td></tr>
<tr><td>4</td><td>烹调火候</td><td>10</td><td></td></tr>
<tr><td>5</td><td>完成时间</td><td>10</td><td></td></tr>
<tr><td colspan="3">总分</td><td></td></tr>
<tr><td>学习总结</td><td colspan="4"></td></tr>
<tr><td rowspan="7">任务拓展</td><td colspan="4">根据桂花炒瑶柱的制作方法，从配料、味型等方面进行创新，写下创新菜肴的用料、制作过程、成菜特点和制作关键，并拍下创新菜肴的图片</td></tr>
<tr><td colspan="2">1. 类似这种做法的菜肴还有炒桂花鱼翅等</td><td colspan="2" rowspan="6"></td></tr>
<tr><td colspan="2">2. 在本菜的制作中，鸡蛋的处理方法有两种：一种是煎蛋皮，切丝炒；另一种是将蛋直接炒至透香。请分析这两种做法的优点及缺点</td></tr>
<tr><td colspan="2"></td></tr>
<tr><td colspan="2"></td></tr>
<tr><td colspan="2"></td></tr>
<tr><td colspan="2"></td></tr>
</table>

项目三

糖醋咕噜肉

糖醋咕噜肉（菠萝咕噜肉）制作视频

根据“知识准备”模块的内容结合视频，完成工作任务三的预习工作。

图 3-7 所示的糖醋咕噜肉，又名古老肉，是一道广东经典名菜。此菜始于清代，当时在广州市的许多外国人都非常喜欢食用中国菜，尤其喜欢吃糖醋排骨，但吃时不习惯吐骨。广东厨师即以出骨的精肉加调味料与淀粉拌和制成一个个大肉圆，入油锅炸，至酥脆，粘上糖醋卤汁，其味酸甜可口，受到中外宾客的欢迎。

图 3-7　糖醋咕噜肉

一、辅料营养

菠萝不仅酸甜可口，还具有丰富的营养价值和多种健康功效，其含有的菠萝蛋白酶能够帮助人体分解摄入的蛋白质，从而促进消化，适合在食用大量肉类后食用。菠萝富含纤维素，这种物质在肠道中不易被消化，但能刺激肠道蠕动，减少便秘的发生。菠萝可以帮助降低血压和稀释血脂，对预防心血管疾病有一定的积极作用。另外，菠萝朊酶还能帮助溶解组织中的纤维蛋白和血凝块，改善局部血液循环，具有消除炎症和水肿的作用。菠萝也是维生素 C 的良好来源，每 100 g 菠萝含有 8 ～ 30 mg 的维生素 C，有助于增强免疫力，抑制黑色素的形成，淡化色斑，是自然美容的佳品。

二、刀工技法

1. 直刀法

直刀法就是在操作时刀口朝下，刀背朝天，刀身向砧板平面做垂直运动的一种运刀方法。直刀法操作灵活多变、简练快捷，适用范围广。由于原料性质及形态要求不同，直刀法又可分为切、剁、斩等几种操作方法。

2. 推切

推切是指刀的着力点在中后端，运刀方向由刀身的后上方向前下方推进的切法（图 3-8）。推切法适用于具有细嫩纤维和略有韧性的原料，如猪肉、牛肉、肝、腰等。

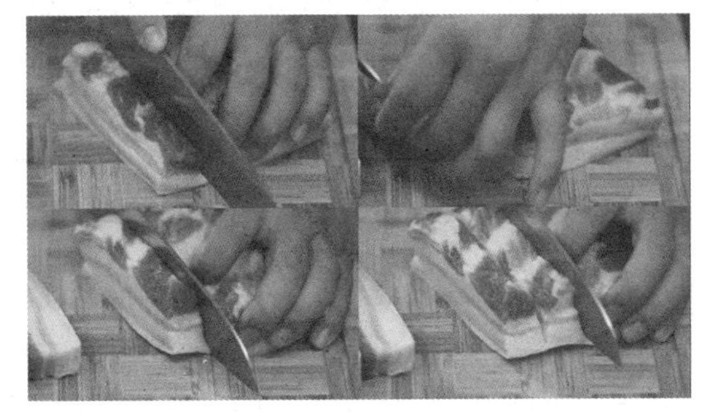

图 3-8　推切五花肉

（1）推切的操作要领：

①持刀稳，靠小臂和手腕用力。从刀前部分推到刀后部分时，刀刃才完全与砧板吻合，一刀到底，一刀断料。

②推切时，进刀轻柔有力，下切刚劲，断刀干脆利落，刀前端开片，后端断料。

③推切时，对一些质嫩的原料，如肝、腰等，下刀宜轻；对一些韧性较强的原料，如猪肚、牛肉等，运刀要有力。

（2）注意事项：

①准确估计下刀的角度，刀口下落时要与砧板吻合，保证推切断料效果。

②随时观察效果，纠正偏差。

③糖醋咕噜肉的成型：先将五花肉切成宽 2.5 cm 的长条，再斜切成菱形块，肉条形状要均匀。

三、烹调技法

（1）烹调技法：炸。以较多的油量、较高的油温对菜肴原料进行加热，使其着色或使其达到香、酥、脆的质感，经调味而成一道热菜的方法称为炸。

炸制菜式品种众多、风味各异，但也有以下共同特点：

①以较高的油温加热，菜肴具有外香、酥、脆而内嫩的滋味特色。

②色泽以金黄、大红为主。

③本菜肴多为酸甜味。

（2）烹调技法：酥炸。

工艺流程：切形→腌渍→上粉→炸制→炒制→成菜。

酥炸法的工艺流程及工艺方法：

①拌味：将净料加盐拌匀，使其有特定味道，已有特定味道的则不用拌味。

②上粉：先拌入湿淀粉（若原料水分大，则拌干淀粉），再加蛋液拌匀，最后拍干淀粉。

③下锅：油温应达到 180 ℃，上粉的原料回潮后下锅较好。

④浸炸：降低油温，将原料炸熟。

⑤升高油温起锅。

⑥调味：可勾芡，也可单上佐料。

文化自信

文化自信是一个国家、一个民族对自身文化价值的充分肯定，是对中华优秀传统文化的自信，是对中国特色社会主义文化发展道路的自信。糖醋咕噜肉是粤菜的一道传统名菜，我们需要将其发扬光大，向海内外朋友推广，讲好粤菜故事，让世界爱上广东味。

【任务实施工单】

<table>
<tr><td>任务描述</td><td colspan="4">校企合作单位中国大酒店预选拔我校优秀学生开展区政府组织的公益活动，共同前往社区长者饭堂制作糖醋咕噜肉，宣传康养粤菜，根据老年饮食营养需求，厨师长安排学生在 30 min 内出菜交给热菜主管，检查合格后交由服务员出餐</td></tr>
<tr><td>用料</td><td colspan="4">原料：猪五花肉、笋肉（或菠萝肉或酸萝卜肉）、鸡蛋。
调味料：精盐、味精、白糖、绍酒、淀粉、糖醋、食用油、胡椒粉、芝麻油、蒜蓉、青红辣椒、葱段等。
糖醋汁配方：白醋、白糖、茄汁、喼汁、精盐、山楂片</td></tr>
<tr><td>制作过程</td><td colspan="4">（1）将五花肉切成宽 2.5 cm 的长条后，再斜切成菱形块；将笋肉切成滚刀块并滚透。
（2）将肉块用精盐、绍酒腌渍约 20 min，加入湿淀粉、蛋液拌匀，再加干淀粉拌匀。
（3）用中火烧热炒锅，下油烧至 210 ℃，放入肉块炸至金黄色，放入笋块同炸至熟，倒入笊篱沥油。
（4）炒锅放回炉上，下蒜蓉、青红辣椒、葱段、糖醋等，烧至微沸用湿淀粉勾芡，随即放入炸好的肉块、笋块迅速炒匀，最后加尾油炒匀即成</td></tr>
<tr><td>成菜特点</td><td colspan="4">肉块形状均匀，上粉均匀，炸色金黄、干爽；辅料呈斧头形或橄榄形，使用笋时应滚透无酸味；芡汁以包裹原料为宜，碟底略见芡；色泽鲜红、明快有光泽</td></tr>
<tr><td>制作关键</td><td colspan="4">（1）肉条形状要均匀，宽约 2.5 cm。
（2）上浆上粉要均匀、略厚。
（3）炸制时，原料宜从锅边下锅。
（4）注意控制油温。
（5）为了保持糖醋咕噜肉的酥脆，糖醋汁应先在炒锅内勾芡，再下炸好的原料迅速炒匀装盘</td></tr>
<tr><td rowspan="7">考核标准</td><td>序号</td><td>考核项目</td><td>标准分数</td><td>实际得分</td></tr>
<tr><td>1</td><td>成菜效果</td><td>60</td><td></td></tr>
<tr><td>2</td><td>刀工技术</td><td>10</td><td></td></tr>
<tr><td>3</td><td>调味技术</td><td>10</td><td></td></tr>
<tr><td>4</td><td>烹调火候</td><td>10</td><td></td></tr>
<tr><td>5</td><td>完成时间</td><td>10</td><td></td></tr>
<tr><td colspan="3">总分</td><td></td></tr>
<tr><td>学习总结</td><td colspan="4"></td></tr>
<tr><td rowspan="6">任务拓展</td><td colspan="4">根据糖醋咕噜肉的制作方法，从配料、味型等方面进行创新，写下创新菜肴的用料、制作过程、成菜特点和制作关键，并拍下创新菜肴的图片</td></tr>
<tr><td colspan="2">1. 运用酥炸法制作家庭菜肴糖醋排骨</td><td colspan="2" rowspan="5"></td></tr>
<tr><td colspan="2">2. 反思、总结，完善实训报告</td></tr>
<tr><td colspan="2"></td></tr>
<tr><td colspan="2"></td></tr>
<tr><td colspan="2"></td></tr>
</table>

工作任务四

盐焗鸡

知识准备

客家名菜盐焗鸡是将净鸡处理、腌制后，用纱纸包住，用灼热的粗盐焗熟（图 3-9）。

图 3-9　盐焗鸡

此鸡盐香味浓，体现出满满的客家味。民国 35 年（1946 年），广州城隍庙前开了一家客家风味的饭店——宁昌饭店，该店经营客家菜，盐焗鸡便是其中的一道供应菜式。开业不久，盐焗鸡的美味就传遍广州城内，宁昌饭店很快就小有名气，慕名而来的食客络绎不绝，其中不乏显贵名流。吃盐焗鸡的人多，而烹制盐焗鸡的时间又比较长，由生到熟耗时近 1 h，所以每天制作的盐焗鸡数量有限。为了避免失去食客，无奈之下店家只好采用预订的方式来保证供应。

为方便烹调，适应大量生产，经客家厨师不断改良创新，制作一只白切鸡之后，趁热撕开，拌上盐焗鸡调味料，上盘摆放成鸡形，创制出另一种风味的东江盐焗鸡。盐焗法成为客家菜的特色烹调法，制作出独具特色的“盐焗系列食品”，如盐焗凤（鸭）爪、盐焗猪肚等。

一、主料营养

鸡肉的营养价值很高，其中蛋白质含量较高，且易被人体吸收利用，有增强体力、强壮身体的作用。另外，鸡肉还含有脂肪、钙、磷、铁、镁、钾、钠、维生素 A、维生素 B_1、维生素 B_2、维生素 C、维生素 E 和烟酸等成分，也含有较多的不饱和脂肪酸——亚油酸和亚麻酸，能够降低对人体健康不利的低密度脂蛋白胆固醇的含量，有保护心血管的作用。

二、刀工技法

1. 直刀法

直刀法就是在操作时刀口朝下，刀背朝天，刀身向砧板平面做垂直运动的一种运刀方法。直刀法操作灵活多变、简练快捷，适用范围广。由于原料性质及形态要求不同，直刀法又可分为切、剁、斩等几种操作方法（图 3-10）。

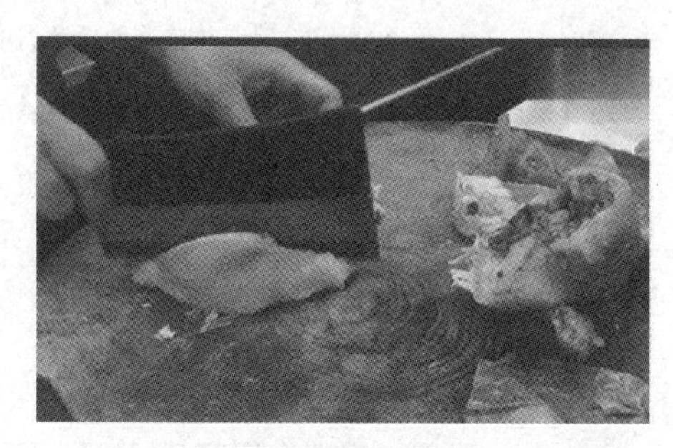
图 3-10　直刀切鸡肉

2. 斩法

斩法是指从原料上方垂直向下猛力运刀断开原料的直刀法。根据运刀力量的大小（举刀高度）分为斩和劈两种（图 3-11）。

图 3-11　斩法

斩适用于带骨但骨质并不十分坚硬的原料，如鸡、鸭、鱼、排骨等。斩又可分为直斩和拍斩两种。

（1）直斩：一刀斩下直接断料的刀法。

直斩的操作要领：以小臂用力，刀提高与前胸平齐。运刀看准位置，落刀敏捷、利落，要一刀两断，保证大小均匀。斩的力量以能一刀两断为准，不能复刀，复刀容易产生一些碎肉、碎骨，影响原料形状的整齐和美观。斩有骨的原料时，肉多骨少的一面在上，骨多肉少的一面在下，使带骨部分与砧板接触，容易断料，同时又避免将肉砸烂。

（2）拍斩：是将刀放在原料所需要斩断的部位，右手握住刀柄，左手高举在刀背上用力拍下去，将原料斩断的一种刀法，可用于斩鸡头、鸭头、板栗等。

拍斩的操作要领：拍斩一般适用于圆形、体小而滑的原料，因为原料较滑，需要落刀的部位就不容易控制，所以把刀固定在落刀线上以手用力拍刀将原料斩断。

三、烹调技法

焗是指将整体肉料腌制后，用密闭加热方式对肉料施以特定热气，促使肉料温度升高，自身水分汽化，由生变熟而成为一道热菜的烹调方法。焗制菜式最显著的风味特色是芳香、味醇。在制作上，焗法要求肉料在焗前先腌制；烹制时用水量较少，甚至不用水；以热气加热。

（1）盐焗法。将腌制好的生料埋入热盐中，由热盐释放出的热量使生料变熟的方法称为盐焗法。除热盐外，用其他能储热的物料也可将生料焗热、焗熟，这些物料包括砂粒、糖粒等。盐焗菜式具有盐香浓烈、回味无穷的特点。盐焗法由东江盐焗鸡而兴起，现仍以选用禽类原料为主。

（2）工艺程序（图 3-12）与工艺方法。

①腌制主料。

②让盐粒储热：常用方法是将盐粒放在锅内，用猛火炒热。

③用涂油的纱纸将主料包裹好。

④将包好的生料埋在热盐中焖至熟。

⑤拆开纱纸，取出熟料，斩件上碟，配佐料上席。

腌制主料 → 加热盐粒 → 包裹主料 → 埋进热盐 → 取出熟料 →
斩件上碟 → 配佐料 → 成品

图 3-12　盐焗法工艺流程

（3）操作要领。

①主料必须预先腌制入味。

②盐粒数量不能太少，若盐量不足，则应以微火补充热能或加盖减少热量散失。加热盐粒时，要使盐灼热，尽量多储热。

③一只鸡大约焗 20 min。

④生料应埋入盐的中心。

艰苦奋斗

盐焗法是中国各大菜系最具特色的烹调技艺，它的形成与客家人的迁徙生活密切相关。在南迁过程中，客家人搬迁到一个地方，经常受异族侵扰，难以安居，被迫又搬迁到另一个地方。在“逃亡”、迁徙过程中，常将活禽宰杀，放入盐包中，以便储存、携带。盐焗鸡就是客家人在迁徙过程中运用智慧制作而成，并闻名于世的菜肴。

我们的祖先经历了从无到有、从小到大、从弱到强，一次次从挫折中奋起，在奋起中不断凝聚力量，始终将艰苦奋斗的信念和勤俭节约的作风刻进风骨里、融入菜品创作中。

【任务实施工单】

<table>
<tr><td>任务描述</td><td colspan="4">校企合作单位中国大酒店预选拔我校优秀学生开展区政府组织的美食节活动，共同前往广州国际美食节，在主会场番禺区长隆万博商务区万博中心制作盐焗鸡，宣传粤菜饮食文化，根据制作需求，厨师长安排学生在 60 min 内出菜交给热菜主管，检查合格后交由服务员出餐</td></tr>
<tr><td>用料</td><td colspan="4">原料：肥嫩净鸡。
调味料：葱条、姜片、精盐、味精、生抽、八角、熟猪油、棉纱纸、锡纸、粗粒生盐、西凤酒</td></tr>
<tr><td>制作过程</td><td colspan="4">（1）腌制加工：将净鸡挖去内脏洗干净，吊干水分，然后用精盐、味精擦匀鸡的内腔，把姜片、葱条、八角放入鸡的内腔，加入西凤酒，外皮涂上生抽，腌制约 40 min；用棉纱纸 2 张分层包好，最后用锡纸包严密。
（2）焗制：将粗盐放在炒锅里，用旺火翻炒至盐粒成灰白色、灼热冒烟（盐温约为 220 ℃），然后将包裹好的鸡藏入灼热的盐堆中，加盖，避火，焗约 30 min 至熟。
（3）刀工造型：将鸡取出，拆去纸，在鸡身上抹麻油，剁块砌成鸡形，摆放碟上即成</td></tr>
<tr><td>成菜特点</td><td colspan="4">色泽金黄，肉嫩骨香，味鲜美浓郁，现焗现食，风味诱人，滋补强身，是秋冬季节佳肴之一</td></tr>
<tr><td>制作关键</td><td colspan="4">（1）腌料的量要准确，分层包裹严紧。
（2）炒盐至灼热再放入鸡焗制，而且要视鸡的大小掌握好焗的时间。
（3）拆锡纸时要避免把盐弄到鸡肉中</td></tr>
<tr><td rowspan="7">考核标准</td><td>序号</td><td>考核项目</td><td>标准分数</td><td>实际得分</td></tr>
<tr><td>1</td><td>成菜效果</td><td>60</td><td></td></tr>
<tr><td>2</td><td>刀工技术</td><td>10</td><td></td></tr>
<tr><td>3</td><td>调味技术</td><td>10</td><td></td></tr>
<tr><td>4</td><td>烹调火候</td><td>10</td><td></td></tr>
<tr><td>5</td><td>完成时间</td><td>10</td><td></td></tr>
<tr><td colspan="3">总分</td><td></td></tr>
<tr><td>学习总结</td><td colspan="4"></td></tr>
<tr><td rowspan="6">任务拓展</td><td colspan="4">根据盐焗鸡的制作方法，从配料、味型等方面进行创新，写下创新菜肴的用料、制作过程、成菜特点和制作关键，并拍下创新菜肴的图片</td></tr>
<tr><td colspan="2">1. 盐焗鸡的鸡肉和鸡骨为什么特别有滋味</td><td colspan="2" rowspan="5"></td></tr>
<tr><td colspan="2">2. 反思、总结，完善实训报告</td></tr>
<tr><td colspan="2"></td></tr>
<tr><td colspan="2"></td></tr>
<tr><td colspan="2"></td></tr>
</table>

工作任务五

油泡鲜鱿

油泡鲜鱿制作视频

根据“知识准备”模块的内容结合视频，完成工作任务五的预习工作。

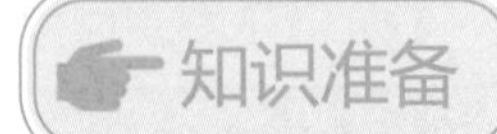

粤菜广泛吸收中外的烹调技艺精华，结合自己的物产、气候特点和习俗，形成完整的烹调技艺体系和独特的烹调特色，独树一帜，为世人所瞩目。例如，由北方的“爆法”演进为“油泡法”（图 3-13）。

图 3-13　油泡鲜鱿

油泡鲜鱿就是油泡菜式的代表，鱿鱼内有胶原蛋白，加热后水分丢失就会破坏原有架构，配合均匀的剞花刀，受热就会卷起，呈“麦穗花”状态。在我国传统文化中，麦穗是富贵、平安、丰收、希望、谦虚的象征。

一、主料营养

鱿鱼的营养价值非常丰富，因其富含蛋白质，可维持钾钠平衡、消除水肿、提高免疫力。鱿鱼中还富含钙、磷、铁三元素，有利于骨骼的发育和造血。另外，鱿鱼中还含有牛磺酸，它能抑制胆固醇在血液中的蓄积作用，帮助预防高血脂。鱿鱼中的镁可以提高精子的活力，增强男性的生育能力。

二、刀工技法

剞法又称“花刀法”，是指在加工后的坯料上，以斜刀法、直刀法和弯刀法为基础进行片切，使其呈现不断、不穿的规则刀纹，或将某些原料制成特定平面图案时所使用的综合运刀方法（图 3-14）。

剞法主要用于美化原料，是技术性更强、要求更高的综合性刀法。在具体操作中，由于运刀方向和角度的不同，剞法又可分为直刀剞、推刀剞、斜刀剞、反刀斜剞、弯刀剞五种方法。

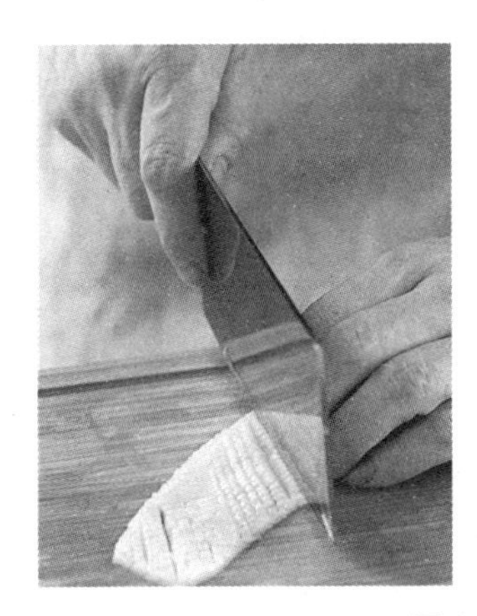

图 3-14　剞刀切鱿鱼

（1）剞法的应用范围：适用于质地脆嫩、韧性和收缩性大、形大体厚的原料，如腰、肚、肾、鱿鱼、鱼肉等，以及将笋、姜、萝卜等脆性植物原料制成花、鸟、虫、鱼等各种平面图案。

（2）剞法的操作要领：

①无论哪种剞法，都要持刀稳、下刀准，每刀用力均衡，运刀倾斜角度一致，刀距均匀、整齐。

②运刀的深浅一般为原料厚度的 1/2 或 2/3，有的原料需视需要而定，如松子鱼须剞到皮为止。

③根据成型要求不同，几种剞法应综合运用。

④用力要恰当，避免切断原料或未达到深度，影响菜肴质量。

三、烹调技法

将刀工处理后形体较细小的肉料，用泡油方法加热，经调味勾芡制成一道热菜的烹调技法称为油泡法。

（1）油泡法有以下特点。

①由主料和料头组成菜肴，且主料只能是肉料。

②肉料形体不大，且要求不带骨或不带大骨。

③一般以姜花、葱榄为料头。

④肉料用泡油方法致熟。

⑤成品锅气足、滋味好、口感爽滑、口味清鲜、芡薄而紧、菜相清爽洁净。

（2）工艺程序（图 3-15）与工艺方法。

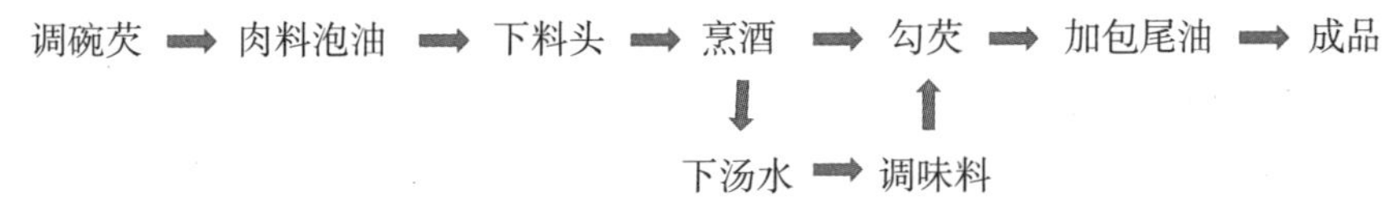

图 3-15　工艺程序

①调碗芡（用锅芡的只准备芡粉）。

②肉料泡油。

③下料头。

④下肉料。

⑤烹酒。用锅芡的，接着下汤水和调味料。

⑥勾芡。

⑦加包尾油。

（3）操作要领。

①原料刀工要均匀、精细。

②油泡菜式的质量标准是肉质爽滑或嫩滑、蕴含清香、味鲜、成芡较薄、有芡而不见芡流、色亮、芡匀滑、不泻芡、不泻油及在碟上堆叠成山形。

③防止泻油有以下要领：

a. 肉料泡油后，要顿笊篱，以去净肉料表面的油分；

b. 要刮净锅底余油；

c. 要控制好包尾油的量，可用浸勺方法加包尾油。

④防止泻芡有以下要领：

a. 锅上芡的，要控制好下汤量，以免芡大；

b. 芡汤与芡粉比例要恰当；

c. 锅内的油不能太多，以免影响挂芡；

d. 调芡时要先搅匀芡液；

e. 注意火候及芡液的熟度，不熟则容易泻芡。

素养提升

工匠精神是从业者的职业价值取向和行为表现，是社会文明进步的重要尺度，是中国制造前行的精神源泉，是企业竞争发展的品牌资本，是员工个人成长的道德指引。餐饮从业者无论采用哪种剞法，都要持刀稳、下刀准，每刀用力均衡，运刀倾斜角度一致，刀距均匀、整齐。运刀的深浅一般为原料厚度的 1/2 或 2/3，根据成型要求不同，几种剞法应综合运用，而且用力要恰当，避免切断原料或未达到深度，影响菜肴质量，这无不需要从业人员精益求精的工匠精神。

【任务实施工单】

<table>
<tr><td>任务描述</td><td colspan="4">校企合作单位中国大酒店预选拔我校优秀学生开展区政府组织的美食节活动，共同前往广州国际美食节，在主会场番禺区长隆万博商务区万博中心制作油泡鲜鱿，宣传粤菜饮食文化，根据制作需求，厨师长安排学生在 30 min 内出菜交给热菜主管，检查合格后交由服务员出餐</td></tr>
<tr><td>用料</td><td colspan="4">原料：鲜鱿。
调味料：精盐、味精、白糖、淀粉、食用油、胡椒粉和芝麻油、绍酒。
料头：姜花、葱榄</td></tr>
<tr><td>制作过程</td><td colspan="4">（1）将鲜鱿开肚，在其肚面切菱形花纹，然后切成三角形的块状。
（2）将精盐、味精、白糖、淀粉、胡椒粉等调成碗芡。
（3）将鲜鱿焯水后倒在笊篱中沥干水分。
（4）猛火烧锅下油，将焯好水的鲜鱿泡油至熟，倒出沥油。
（5）原锅下料头、鲜鱿，烹入绍酒，勾入碗芡、加包尾油炒匀即成</td></tr>
<tr><td>成菜特点</td><td colspan="4">鲜鱿形状均匀、美观，花纹清晰，口感爽脆，不韧、不硬皮，味道鲜美；成芡薄而紧、匀滑油亮，不结团、不泻油、不泻芡</td></tr>
<tr><td>制作关键</td><td colspan="4">（1）鲜鱿切花刀要均匀，直刀和斜刀的刀距均为 1.5 mm；三角形的块长 4.5 cm、宽约 3 cm。
（2）鲜鱿泡油后要用笊篱控油，锅底余油要刮干净，要控制好包尾油的量，防止泻油</td></tr>
<tr><td rowspan="7">考核标准</td><td>序号</td><td>考核项目</td><td>标准分数</td><td>实际得分</td></tr>
<tr><td>1</td><td>成菜效果</td><td>60</td><td></td></tr>
<tr><td>2</td><td>刀工技术</td><td>10</td><td></td></tr>
<tr><td>3</td><td>调味技术</td><td>10</td><td></td></tr>
<tr><td>4</td><td>烹调火候</td><td>10</td><td></td></tr>
<tr><td>5</td><td>完成时间</td><td>10</td><td></td></tr>
<tr><td colspan="3">总分</td><td></td></tr>
<tr><td>学习总结</td><td colspan="4"></td></tr>
<tr><td rowspan="8">任务拓展</td><td colspan="4">根据油泡鲜鱿的制作方法，从配料、味型等方面进行创新，写下创新菜肴的用料、制作过程、成菜特点和制作关键，并拍下创新菜肴的图片</td></tr>
<tr><td colspan="2">1. 类似这种做法的菜肴还有油泡虾球等</td><td colspan="2" rowspan="7"></td></tr>
<tr><td colspan="2">2. 油泡鲜鱿成品中鲜鱿卷不成型的原因是什么</td></tr>
<tr><td colspan="2">3. 为什么成品挂不上芡</td></tr>
<tr><td colspan="2"></td></tr>
<tr><td colspan="2"></td></tr>
<tr><td colspan="2"></td></tr>
<tr><td colspan="2"></td></tr>
</table>

项目三

工作任务六

太极护国菜

知识准备

护国菜是一道典型的素菜荤做的菜肴，常见的造型是太极造型，即太极护国菜（图 3-16）。相传 1276 年元军攻入临安，南宋朝廷被迫流亡南方，文天祥、张世杰等忠臣护少帝南下逃亡，逃经广东潮州府时，寄宿于一座寺庙内。寺庙中缺粮草，为了给少帝充饥，寺庙中的和尚便去采摘番薯叶，经过处理之后做成汤羹给少帝食用。在挨饿与担惊受怕中，逃亡的少帝终于能停下来吃到具有热气的菜肴，感到很满足。少帝问和尚菜名，和尚答道："山野贫僧，不知此菜名称，但愿能解除皇上饥渴，重振军威，确保大宋江山安全无恙。"少帝听后，极为感动，便为这道菜赐名"护国菜"。随着时代的发展，护国菜也在不断地加入新的内容。从一道素菜变化成一道素菜荤做的菜肴，即用高汤代替普通的水；用苋菜叶、菠菜、通心菜叶、厚合菜叶（君达菜叶）灵活代替番薯叶，当然，能用番薯叶是最好的。

图 3-16　太极护国菜

一、主料营养

太极护国菜的主要原料为番薯叶，番薯叶又称甘薯叶、地瓜叶，是番薯的嫩叶，过去多弃之不食或用来喂猪，近年日益受到人们的喜爱，在欧美、日本、中国香港等地还掀起一股"食番薯叶热"。制作本道菜时要对番薯叶进行焯水，去除番薯叶的苦涩味。

新鲜番薯叶含蛋白质、糖类、钾、铁、磷、维生素 B_2、维生素 C 等营养素，能提高免疫力并预防感冒。新鲜番薯叶中含有的多酚能预防细胞癌变，丰富的钾元素有助于稳定血压及预防高血压。另外，番薯叶还具有止血、祛热解毒、降血糖等功效；番薯叶中含有的膳食纤维可促进肠胃加快蠕动。但肠胃消化能力不佳的人以及肾病患者，不宜过多食用。

二、刀工技法

直刀法是在操作时刀口朝下，刀背朝上，刀身与砧板平面保持垂直的刀法。由于原料性质及形态要求不同，直刀法又分为切、剁、斩等几种方法。

剁法操作时要求刀与砧板平面垂直，刀上下运动，抬刀较高，用力较大。这种刀法主要用于将原料加工成末的形状。左右手同时持刀操作称作双刀剁，如图 3-17 所示，双刀剁可以提高剁的效率。剁主要是运用刀刃进行加工，有时也运用刀背进行加工。操作方法如下：

（1）两只手各持一把刀，两把刀保持一定的距离，呈八字形。

（2）两刀垂直上下交替排剁，切勿相碰。

（3）当原料剁到一定程度时，两刀各向按相反的方向倾斜，然后用刀将原料铲起归堆，再继续行刀排剁。

技术要求：用手腕带动小臂上下摆动，挥刀将原料剁碎，同时要将原料勤翻，使其均匀细腻，抬刀不要过高，否则容易将原料甩出，造成浪费。

图 3-17　双刀剁

三、烹调技法

将经过初步熟处理的主、辅料放入鲜汤（高汤）中加热，待汤微沸时进行勾芡，制成香鲜柔滑、浓稠度适中羹汤的烹调技法称为烩。

制作太极护国菜，要先将番薯叶撕去茎外纤维（梗及茎外纤维会影响菜肴口感的滑度），然后洗净备用。起锅烧水，待水开后加入小苏打，倒入番薯叶焯水，焯好水之后捞番薯叶冲冷水，使番薯叶降温的同时去掉碱味，番薯叶保持翠绿色。将番薯叶挤干水分，然后放在砧板上，采用直刀法中的剁法，将其剁碎备用。另外起锅，放猪油加番薯叶略炒，注入高汤，调味、勾芡，舀 80% 的番薯叶羹到碗中，留 20% 加入顶汤、火腿片拌匀，再淋到碗中，画出太极造型即可。

素养提升

太极护国菜是潮菜中典型的素菜荤做代表，主料为潮汕地区寻常的番薯叶，厨师通过将刀工、高汤、太极摆盘融合在一起，使普普通通的原料做成历代传承的经典菜品。菜品制作过程中的选料、刀工处理、炒制、调味、勾芡等每一个环节都影响到整个菜品的质量。同时，这道菜品所体现的“粗料精做”值得每一个烹饪工作者学习，不能因为原材料便宜而随意丢弃原料，造成浪费。通过烹饪工作者的技艺及智慧，每种原料发挥其最大的作用。

【任务实施工单】

<table>
<tr><td>任务描述</td><td colspan="4">今天中午，潮菜酒楼 11 号台客人点单太极护国菜，后厨接到订单，要在 30 min 内组织出品，厨师长把控菜品的质量，整个过程必须使顾客满意。要制作出符合要求的太极护国菜，就必须掌握菜叶保持翠绿不变色的方法，能把控芡汁浓稠度</td></tr>
<tr><td>用料</td><td colspan="4">番薯叶、鸡胸肉、泡发干草菇、火腿末、鸡油、猪油、生粉、水、食用碱、上汤、鱼露、鸡粉（鸡精）、鸡蛋清</td></tr>
<tr><td>制作过程</td><td colspan="4">（1）火腿末：下姜葱酒入蒸笼焗（过水），去腥味与咸味之后拆成丝下油炸干、炸脆，之后碾碎。
（2）番薯叶：择菜叶，取叶去梗。烧一锅水，加入纯碱，放入菜叶焯水，捞起来冲冷水，拧干水分，再将拧干水分的番薯叶放在砧板上剁细。
（3）草菇切指甲片，爆香草菇备用。
（4）鸡胸肉剁成蓉，下少许盐、鸡蛋清，搅拌均匀。加入冷上汤，备用。
（5）烧热锅，加入猪油，番薯叶小火慢炒炒香。加入上汤，下火腿、草菇，调味、勾芡，鸡油包尾油，装盘。
（6）另起锅加入上汤、鸡蓉，调味、勾芡，鸡油包尾油，装盘画出太极图案</td></tr>
<tr><td>成菜特点</td><td colspan="4">太极图案精美，口感咸鲜爽口</td></tr>
<tr><td>制作关键</td><td colspan="4">（1）控制番薯叶的颜色，使其保持翠绿。
（2）番薯叶及鸡胸肉需要剁碎。
（3）把控勾芡浓稠度。
（4）绘制太极图案</td></tr>
<tr><td rowspan="7">考核标准</td><td>序号</td><td>考核项目</td><td>标准分数</td><td>实际得分</td></tr>
<tr><td>1</td><td>成菜效果</td><td>60</td><td></td></tr>
<tr><td>2</td><td>刀工技术</td><td>10</td><td></td></tr>
<tr><td>3</td><td>调味技术</td><td>10</td><td></td></tr>
<tr><td>4</td><td>摆盘</td><td>10</td><td></td></tr>
<tr><td>5</td><td>完成时间</td><td>10</td><td></td></tr>
<tr><td colspan="3">总分</td><td></td></tr>
<tr><td>学习总结</td><td colspan="4"></td></tr>
<tr><td rowspan="2">任务拓展</td><td colspan="4">根据太极护国菜的制作方法，从配料、造型等方面进行创新，写下创新菜肴的用料、制作过程、成菜特点和制作关键，并拍下创新菜肴的图片</td></tr>
<tr><td colspan="2"></td><td colspan="2"></td></tr>
</table>

项目三

来不及

知识准备

关于潮汕名菜“来不及”，有这样一个故事，相传在明清时期，潮州府台大人寿辰，远在福建的女婿专程赶来贺寿，除准备丰厚贺礼外，还特意带上闽菜名厨，想让岳父尝尝正宗的闽菜。府台见到闽厨之后，当即产生了让闽厨与潮厨连续比试三天的想法。前两天的比赛，双方不分伯仲，府台与众宾客大饱口福。然而厨师都似乎到了“黔驴技穷”的地步，想不出第三天该做什么菜式。潮厨正在后厨思考的时候，突然看到窗外的香蕉树，正好结了一串串香蕉。潮厨灵机一动，摘来香蕉，去皮加上配料裹上脆浆，下锅油炸。府台吃完赞不绝口，询问菜式的名字。这时，潮厨才意识到炸香蕉还没有菜名，支支吾吾说：“这是来不及，我才……”潮厨话音未落，府台以为“来不及”是菜名，称赞道“来不及美味至极”。从此，“来不及”成了潮汕的名菜，相沿至今（图 3-18）。

图 3-18　来不及

一、主料营养

“来不及”的主要原料为香蕉，香蕉含有丰富的糖类、蛋白质、脂肪、淀粉、果胶、钾、维生素 C、纤维素等营养成分。香蕉含有的钾元素能够预防血压升高，高血压人群可以适当吃点香蕉，能够防止血压波动过大，对血管具有畅通疏解的作用。香蕉的纤维丰富，可以使肠道顺畅，也能够帮助快速补充体力。

二、刀工技法

制作“来不及”，首先需要将半熟香蕉去皮，切成 4 cm 的段，利用 U 形雕刻刀去掉香蕉中间的肉，还用到了直刀法中的切刀法和其他刀法中的挖刀法。挖刀法又称剜刀法，是用刀把原料挖空以便酿（瓤）、塞进各种馅心。酿豆腐、酿苦瓜、“来不及”都用到了这种方法（图 3-19）。

图 3-19　挖刀法

三、烹调技法

来不及采用炸中的脆炸，脆炸是以油为传热介质，将经过调味腌制（也可不经调味腌制）的原料，蘸上脆浆，放入适宜的热油中加热至原料酥脆成菜的烹调技法。脆炸中的发粉或酵母，具有使浆“起发”的作用，使炸品表层酥松。脆炸宜用面粉。脆炸的油温一般在六七成，温度高会出现表面焦黑而里面不熟的现象；温度低则会出现泻浆、脱浆、浆无法发起的现象，且成品质地软而不脆。

将香蕉去皮切段再挖去香蕉中间的肉，塞入冬瓜册与橘饼条，把处理好的香蕉肉放进调好的脆浆里，均匀裹上脆浆，下油锅炸制金黄色即可。

守正创新

“来不及”其实就是炸香蕉，最后的成品是金黄色，外酥里嫩、香中带甜。

文化需要传承，也需要创新。难以想象，岭南地区常见的水果、小吃与传统脆炸技法的结合，竟也可以做出一道不可多得的美食。现如今各大酒楼中的“来不及”馅料，除了经典的冬瓜册与橘饼条，还换成了沙拉、提拉米苏、芝士等馅心，迎合食客们的喜好。作为新时代饮食文化的传播者，在传承经典菜式的同时，也需要不断深入钻研古法技艺，挖掘当地特色食材原料，探索菜品创新。

【任务实施工单】

<table>
<tr><td>任务描述</td><td colspan="4">今天中午，潮菜酒楼 11 号台客人点单“来不及”，后厨接到订单，要在 20 min 内组织出品，厨师长把控菜品的质量，整个过程必须使顾客满意。要制作出符合要求的“来不及”，就必须正确切配原料、调浆及上浆、判断油以及会烹调技法“炸”</td></tr>
<tr><td>用料</td><td colspan="4">香蕉肉、冬瓜册、橘饼、面粉、油、水、泡打粉</td></tr>
<tr><td>制作过程</td><td colspan="4">（1）制作脆浆。
（2）将香蕉去皮切成长 4 cm 的段。
（3）U 形雕刻刀去掉香蕉中间的肉（或者将香蕉切成蝴蝶片）。
（4）冬瓜册与橘饼切成长 4 cm 的条。
（5）把冬瓜条与橘饼条夹在香蕉的中间。
（6）把夹好的香蕉放进调好的脆浆，下油锅炸制金黄色即可</td></tr>
<tr><td>成菜特点</td><td colspan="4">外酥脆、内甜嫩，色泽金黄</td></tr>
<tr><td>制作关键</td><td colspan="4">（1）能正确调制好脆浆，调浆过程中注意搅拌方法，不要产生过多的筋性。
（2）能正确判断油温，控制好火候。
（3）复炸，最终菜品呈金黄色</td></tr>
<tr><td rowspan="7">考核标准</td><td>序号</td><td>考核项目</td><td>标准分数</td><td>实际得分</td></tr>
<tr><td>1</td><td>成菜效果</td><td>60</td><td></td></tr>
<tr><td>2</td><td>刀工技术</td><td>10</td><td></td></tr>
<tr><td>3</td><td>调味技术</td><td>10</td><td></td></tr>
<tr><td>4</td><td>烹调火候</td><td>10</td><td></td></tr>
<tr><td>5</td><td>完成时间</td><td>10</td><td></td></tr>
<tr><td colspan="3">总分</td><td></td></tr>
<tr><td>学习总结</td><td colspan="4"></td></tr>
<tr><td>任务拓展</td><td colspan="4">根据“来不及”的制作方法，从配料、味型等方面进行创新，写下创新菜肴的用料、制作过程、成菜特点和制作关键，并拍下创新菜肴的图片</td></tr>
</table>

项目三

蚝烙

知识准备

位于汕头市的西天巷，是许多潮汕人特别是归国华侨魂牵梦绕之地，其中西天巷蚝烙是“老汕头”最负盛名的蚝烙。在陈汉初主编的《潮汕老字号美食》中就有“西天巷蚝烙”的介绍，其中就提到20世纪之初，有间卖蚝烙的小食店在安平路的漳潮会馆（俗称老会馆）旁，由于其制作精良，食物口感极佳，深受食客的喜爱，而“老会馆蚝烙”一时享誉粤东地区（图3-20）。

图3-20　蚝烙

老一辈人可能听过卖蚝烙的吆喝声：“刀叠刀，爬上刀堆叫卖蚝，勿嫌阮个蚝仔细，蚝仔细细正有膏”。“阮个”是“我们的”的意思，“勿嫌阮个蚝仔细，蚝仔细细正有膏”的大概意思是“不要嫌弃我们的蚝仔小个，蚝仔小小的才有膏”。

蚝烙是一道色鲜味俱全的潮汕传统地方特色小食，属于粤菜系。在潮汕地区已有数百年的历史。蚝烙入口时表皮香酥，白玉般的“蚝珠”更是滑腻鲜美无比，别有风味。福建及台湾地区的蚵仔煎与潮汕的蚝烙有相似之处。

一、主料营养

蚝烙的主要原料为生蚝（用的是鲜蚝仔，潮汕地区称其为蚝珠），生蚝又名牡蛎、蚝白等，生长在温、热带海洋中，肉质细嫩、鲜味突出、微带腥味。生蚝含有多种丰富的营养成分，有益智健脑、提高免疫能力、滋补养颜的作用。生蚝的主要成分是糖原，能迅速补充体力和提高机体免疫力，还含有多种营养元素和钙、锌、磷等矿物质，可促进人体生长。对海鲜过敏及有过敏性皮肤病的人不能吃生蚝，以免病情加重。

二、烹调技法

“蚝烙”实际上是“蚝煎”，“烙”是古汉语，潮汕在烹饪上所说的“烙”即现代汉语的“煎”。煎是指将原料放入有少量油的热锅内（油不能高出食物表面），使其在锅内平移或静止且均匀受热，锅和油同时对原料进行加热的方法。煎是平面受热，原料表面受热最多，加上油的作用，原料与锅、油接触的地方较为酥脆，原料内部脱水较少，能保持原料本身的嫩、多汁。

生蚝洗干净之后沥干水分。薯粉碾碎，加入生粉、粘米粉。鸭蛋打散，与水分次下，下三分之二蛋液，留三分之一蛋液备用，用于最后煎好前淋于表面。调制浆的稀稠度，下葱花、辣椒酱、二分之一鱼露。剩下的鱼露加二分之一的胡椒粉作为酱碟，剩下二分之一胡椒粉备用，待上锅前撒在蚝烙上，再旋锅几秒即可上菜。

烹制时口诀为“厚朥猛火芳臊汤”（大量的猪油、猛火、鱼露），朥就是猪油，芳臊汤就是鱼露。起锅滑油，浆加入生蚝搅拌均匀，倒入锅中摊开，开中火，旋锅再沿锅边淋油，待表面凝固时翻锅，中间用铲敲几下，两面金黄拉起沥干油之后重新倒入锅，将剩下的蛋液淋于表面，慢慢画圈地淋，不能淋在烙的边上，加入胡椒粉，再煎一下，装盘撒芫荽，鱼露、橘油装酱碟。

明辨善思

在潮汕沿海地区，生蚝是再寻常不过的海鲜，挖蚝肉的场地蚝壳可以堆积成山。然而，潮汕人利用了其善于烹制海鲜的特长，从多种生蚝品种中选择了个小膏多的“蚝珠”来制作蚝烙，若想制成鲜美酥香、酥而不硬、脆而不软的蚝烙，火候掌握至关重要。制作蚝烙时，要先滑锅（润锅），通过热锅冷油防止在煎的过程中粘锅。期间火候适中，还要时不时地旋锅及翻锅，使蚝烙能够均匀受热。在这个过程中不仅要有耐心，还需要在反复练习中不断观察、思考，总结制作蚝烙的关键。

现如今酒楼、餐厅，甚至街边商贩制作的蚝烙都独具有店家特色，随着时代而变化的蚝烙，增加了就地取材的佃鱼、车白、虾等，被赋予更多的创意和美味！作为烹饪从业者，学习技能与做人的道理不谋而合。学习不可能一蹴而就，需要长期的积累，在立人立世的过程中，也要不断培养自己明辨善思的思考习惯，才能在瞬息万变的时代浪潮中立足。

【任务实施工单】

<table>
<tr><td>任务描述</td><td colspan="4">某餐饮企业潮汕菜厨房接到菜单，需要制作一份蚝烙，厨师根据菜单进行蚝烙制作。
厨师获取菜单，明确工作任务，20 min 内做好菜品；厨师长检查合格后交给传菜员上菜；制作过程中，严格执行企业的工作规范，选用新鲜的生蚝</td></tr>
<tr><td>用料</td><td colspan="4">鲜蚝仔、鸭蛋、薯粉、粘米粉、生粉、葱花、芫荽、水、味精、胡椒粉、鱼露、辣椒酱</td></tr>
<tr><td>制作过程</td><td colspan="4">（1）备料及洗涤：清洗干净主、辅料，并按分量备好各种原料；生蚝洗干净之后要沥水。
（2）浆液制作：薯粉碾碎，加入生粉、粘米粉；鸭蛋打散，与水分次下，下三分之二蛋液，留三分之一蛋液备用，用于最后煎好前淋于表面；调制浆的稀稠度，下葱花、辣椒酱、二分之一鱼露；剩下的鱼露加二分之一的胡椒粉作为酱碟，剩下二分之一胡椒粉备用，待上锅前撒在蚝烙上；再旋锅几秒即可上菜。
（3）烹制：起锅滑油，浆加入生蚝搅拌均匀，倒入锅中摊开，开中火、旋锅，再沿锅边淋油，待表面凝固时翻锅，中间用铲敲几下，两面金黄拉起沥干油之后重新倒入锅，将剩下的蛋液淋于表面，慢慢画圈地淋，不能淋在烙的边上，加入胡椒粉，再煎一下，装盘</td></tr>
<tr><td>成菜特点</td><td colspan="4">外脆蚝嫩，色泽金黄</td></tr>
<tr><td>制作关键</td><td colspan="4">（1）翻锅：蚝烙没办法整个翻过来，可能会让蚝烙散掉。
（2）火候：煎的时候不能用大火，容易焦且中间不熟；若一直使用小火，菜品会吃油且最后菜品火候不够。
（3）蚝烙整体要厚薄一致</td></tr>
<tr><td rowspan="7">考核标准</td><td>序号</td><td>考核项目</td><td>标准分数</td><td>实际得分</td></tr>
<tr><td>1</td><td>成菜效果</td><td>60</td><td></td></tr>
<tr><td>2</td><td>刀工技术</td><td>5</td><td></td></tr>
<tr><td>3</td><td>调味技术</td><td>5</td><td></td></tr>
<tr><td>4</td><td>烹调火候</td><td>20</td><td></td></tr>
<tr><td>5</td><td>完成时间</td><td>10</td><td></td></tr>
<tr><td colspan="3">总分</td><td></td></tr>
<tr><td>学习总结</td><td colspan="4"></td></tr>
<tr><td>任务拓展</td><td colspan="4">其实潮汕各地的蚝烙做法都不尽相同，有人喜欢稀一点，有人喜欢煎成圆饼酥脆一些；有人说放鸭蛋正宗，有人说放鸡蛋正宗；有人喜欢煎一半再加蛋，有人喜欢一开始就将蛋液打进粉水里，潮阳一些地方甚至认为不放蛋才是纯粹的蚝烙。食无定味，适口者珍。
根据蚝烙的制作方法，从配料、技法等方面进行创新，写下创新菜肴的用料、制作过程、成菜特点和制作关键，并拍下创新菜肴的图片</td></tr>
</table>

工作任务九

潮汕卤鹅

知识准备

吃鹅之风在中国起源很早，先秦婚俗中已有“奠雁”之礼。随着历史的发展，以鹅为食材的美食不胜枚举，蒸、煮、煎、烧等烹调方法的应用屡见不鲜，其中最负盛名的非潮汕卤鹅莫属（图3-21）。

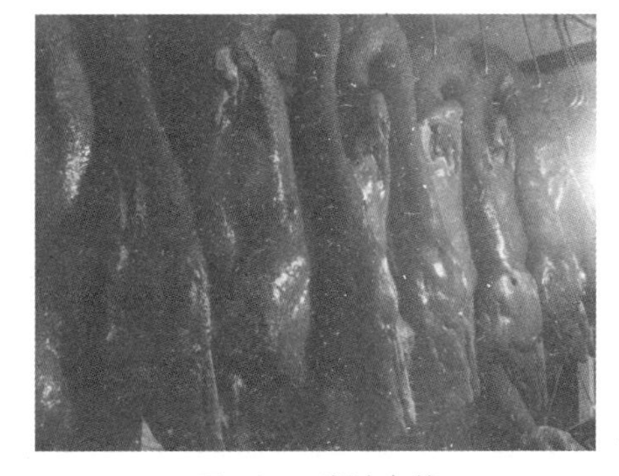
图3-21　潮汕卤鹅

卤鹅也是潮汕人历史的见证，更是蕴含着对家乡的思念，很多移民海外的潮汕人，在吃到一口卤鹅时，心里洋溢着满满的思乡之情。潮汕俗话“无鹅肉唔磅派”，意思就是没有鹅肉的宴席不能算得上丰盛。潮汕卤鹅历史悠久，每逢节日或喜庆事，餐桌上一般都有卤鹅，或用来祭祖拜神，或祈祷未来的生活幸福美满。

潮汕地区的卤鹅也有“派别”之分，不同地区也存在差别，潮州卤鹅偏甜，而澄海苏南是另一番风味。鹅的品种最有名的是澄海的狮头鹅，并不是平常的家鹅。狮头鹅全身都是宝，其卤制过程也十分讲究，需要将掌翅、内脏和其他部位分开卤，并且卤的汤料都不同，每个部位制作出来的味道也就有所区别，卤汤中加入了30多种食材，每一种食材的香味都融入汤中，才制作出正宗的潮汕卤鹅。

一、主料营养

潮汕卤鹅的主要原料为鹅，鹅肉是优质蛋白质来源，含有人体所必需的氨基酸，其组成比例接近人体所需氨基酸的比例。鹅肉中不饱和脂肪酸的含量高，特别是亚麻酸含量均超过其他肉类，对人体健康有利。

中医理论认为，鹅肉味甘平，有补阴益气、暖胃开津、祛风湿之效，是中医食疗的上品，适合身体虚弱、气血不足、营养不良之人食用。经常口渴、乏力、气短、食欲不振者，可常喝鹅汤、吃鹅肉。

二、刀工技法

卤好的鹅需要进行斩件以方便食用，不同部位运用不同刀法，用得较多的是直刀法中的斩。

斩是直刀法的一种，刀上下垂直做运动，对准原料被砍的部位用力直斩下去，使原料断开（图 3-22）。

斩分为直斩和拍斩两种。直斩是指一刀斩下便直接将原料斩断的刀法，适合鹅身部位。拍斩是将刀刃放在需要切断的部位，用手或其他工具在刀背上用力拍，使原料断开的刀法，适合鹅头部位。

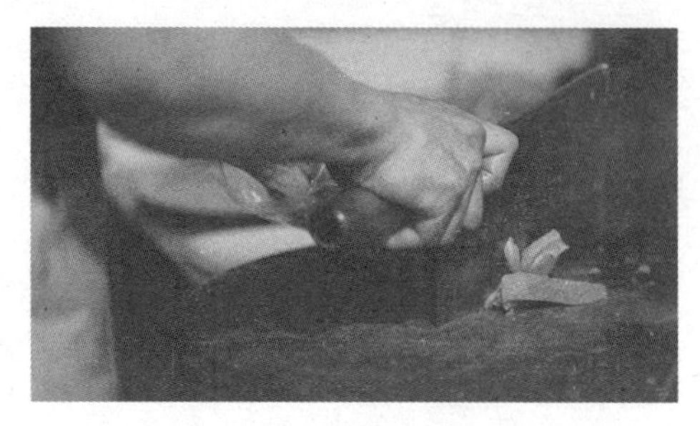

图 3-22　斩鹅肉

三、烹调技法

卤烹调法是指将经过加工后的原料（在这里指光鹅）放在卤水中，进行加热使其吸收卤汁的味道同时制熟的烹调技法，卤一般需要较长时间。

一般冬至到春节期间成熟的鹅质量最好，公鹅肉质紧实，母鹅相对脂肪多一些。选用 20 斤左右的大鹅，净鹅约为 15 斤。在卤鹅之前，准备好八角、桂皮、花椒、小茴香、砂仁、香叶、丁香、草果、甘草、南姜、芫荽头、葱等香料，以糖上色。

卤的过程中用铁钩钩着鹅，让鹅一上一下，反复多次使鹅内外卤汁温度均匀。一只上等的卤鹅，鹅肉嫩滑不柴、鹅翅有嚼劲、鹅肾脆爽、鹅肝粉嫩入口即化。

素养提升

卤鹅从选鹅、腌制、卤煮到斩件，每一步都有窍门，每一步都有讲究，各家的卤水配方更是千变万化，没有正宗不正宗的说法，只有适口者珍的追求。一只卤鹅，不同部位的口感及味道应当符合不同部位的特征。这就要求烹饪工作者在烹制时灵活采用不同的方法。

狮头鹅是卤鹅中的极品，澄海的狮头鹅颇为有名，全国各地的卤鹅原材料多来自这里。选料是烹饪过程中的“前调”，世界上有名的烹饪大师为了获得满意的食材原料都会亲自“跋山涉水”“漂洋过海”地去寻找。烹饪工作者应当对选料有一定的“执着”，烹饪专业的学生要认真学习烹饪原料知识的相关课程，懂得辨别原料品质的好坏、原料在什么季节应季，以及原料在哪个产区的更好。

【任务实施工单】

<table>
<tr><td>任务描述</td><td colspan="4">潮汕卤鹅是将初步加工和焯水处理后的鹅放在配好的卤汁中煮制而成的菜肴。
某餐饮企业烧腊间接到菜单，需要制作一份卤鹅，厨师根据菜单进行制作。厨师获取菜单，明确工作任务，20 min 内做好菜品；厨师长检验合格后交给传菜员上菜；制作过程中，严格执行企业的工作规范。上桌需配上蒜泥醋的味碟</td></tr>
<tr><td>用料</td><td colspan="4">原料：水、川椒、鱼露、五花肉、八角、白糖、大蒜、桂皮、盐、洋葱、丁香、鸡汁、龙骨、草果、味极鲜、南姜、甘草、老抽、蒜头、小茴香、豆蔻、冰糖、罗汉果、香叶</td></tr>
<tr><td>制作过程</td><td colspan="4">（1）把净鹅开腹取出内脏，洗净晾干，再用精盐抹在鹅身内外，并用竹筷一段挺在腹腔内。
（2）川椒粒炒香，与八角、桂皮、甘草、丁香放在纱布中包扎成球，放进卤水盆里，加入酱油、黄糖、南姜、香芒、白酒，再加入清水，把卤水烧沸。
（3）将大蒜、南姜放入净鹅腹内，将卤鹅放入卤水中，间隔两分钟将卤鹅吊起离汤后再放下，反复四次。
（4）大约煮 1.5 h 并注意把鹅身翻转数次。
（5）捞起放凉待用。
（6）将熟卤鹅放在砧板上切片，淋上卤汁，加上芫荽，配上蒜泥醋的味碟即可</td></tr>
<tr><td>成菜特点</td><td colspan="4">卤鹅嫩而不柴，卤水味香，卤鹅表面有光泽</td></tr>
<tr><td>制作关键</td><td colspan="4">（1）卤水调配，香料需要炒香。
（2）一开始将卤鹅放到卤水中需要反复吊起多次，使鹅腹部卤水与其余卤水温度一致。
（3）掌握好火候，卤水滚开之后不宜用武火</td></tr>
<tr><td rowspan="7">考核标准</td><td>序号</td><td>考核项目</td><td>标准分数</td><td>实际得分</td></tr>
<tr><td>1</td><td>成菜效果</td><td>60</td><td></td></tr>
<tr><td>2</td><td>刀工技术</td><td>10</td><td></td></tr>
<tr><td>3</td><td>调味技术</td><td>10</td><td></td></tr>
<tr><td>4</td><td>烹调火候</td><td>10</td><td></td></tr>
<tr><td>5</td><td>完成时间</td><td>10</td><td></td></tr>
<tr><td colspan="3">总分</td><td></td></tr>
<tr><td>学习总结</td><td colspan="4"></td></tr>
<tr><td rowspan="4">任务拓展</td><td colspan="4">根据卤鹅的制作方法，从配料、味型等方面进行创新，写下创新菜肴的用料、制作过程、成菜特点和制作关键，并拍下创新菜肴的图片</td></tr>
<tr><td colspan="2"></td><td colspan="2" rowspan="3"></td></tr>
<tr><td colspan="2"></td></tr>
<tr><td colspan="2"></td></tr>
</table>

返沙芋头

知识准备

图 3-23　返沙芋头

返沙芋头是潮汕特色美食，潮汕地区每年农历八月十五日总会做这道返沙芋头。相传在元代时，潮州人把元兵称为胡兵，规定每三家人供养一个元兵，元兵在百姓家胡作非为。百姓忍无可忍，相约在八月十五日夜晚以芋头为信号（在元代潮汕话的“芋头”发音与“胡”相近）将元兵解决。长期被压迫的老百姓怒气难消，为解气又将芋头当作元兵，切成条状，放入油中煎，捞上来后，加些糖吃掉，以解心头之恨（图 3-23）。

返沙芋头是采用富含淀粉的芋头加白糖返沙制作，故吃起来特别松香清甜。返沙番薯同返沙芋头摆放在一起，返沙芋头呈银白色，返沙番薯呈金黄色，人们称之为“金柱银柱”，经常作为潮菜宴席上的点心。芋头以荔浦芋头为最佳。荔浦芋头原产于桂林地区的荔浦市，它肉质细腻、口感粉滑，具有特殊的风味，同时个头大、芋肉白色、质松软者品质上等。剖开芋头可见芋肉布满细小红筋，在广东各地也均有种植。

一、主料营养

返沙芋头的主要原料为芋头，芋头中富含蛋白质、钙、磷、铁、钾、镁、钠、维生素、皂角苷等多种成分，其丰富的营养价值能增强人体的免疫功能。芋头为碱性食品，能中和体内积存的酸性物质，调整人体的酸碱平衡，对预防癌症有一定的作用。另外，从中医角度看，芋头具有益胃健脾、消肿散结的功效。

二、刀工技法

制作返沙芋头，要先把芋头洗净去皮切成条状，采用直刀法。直刀法是在操作时刀口朝下，刀背朝上，刀身与砧板平面垂直运动的一种运刀方法。直刀法操作灵活多变、简练快捷，适用范围广（图 3-24）。

图 3-24　直刀切芋头

三、烹调技法

挂霜是制作不带汁冷甜菜的一种烹调方法，主料一般需要加工成块、片或丸子，然后用油炸熟，再蘸白糖。挂霜的方法有两种：第一种是将炸好的原料放在盘中，上面直接撒上白糖；第二种是将白糖加少量水或油熬溶收浓，再把炸好的原料放入，不断翻动，使原料均匀裹上糖浆且各原料不会互相粘连，待糖浆冷却凝固，糖浆便成一层白霜包裹在原料的外层，取出冷却，冷却后外面凝结一层糖霜。返沙便是挂霜的第二种做法。因为白糖称为砂糖，返沙是把砂糖熬成糖浆，经冷却后又成为固体的糖粉，故返沙有“返回”或恢复砂糖原状之意。

芋头去皮，切成 6 cm × 2 cm × 2 cm 的长条，小葱切成葱花备用。起锅烧油，芋头下锅炸熟。水和糖按 1 ： 2 的比例熬制，由小泡变大泡再变绵密的细泡，呈乳白色时加入葱花和芋头，调离火位后不断用铲子翻动原料，一般会用电风扇或扇子帮助原料快速冷却，至返沙盛起装盘即成。

素养提升

返沙看似简单，实则技术要求很高。刀工处理时，芋头必须切得整整齐齐、大小一致；熬糖时，糖与水的比例要正确、火候控制要准确、离锅翻铲要控制好。熬糖火候不足会结块无法返沙，火候过了会变成拔丝。所谓工匠精神，是匠人们对完美的极致追求，更是在简简单单的事情中抓住细节不断研究、突破，做好每一个细节。作为烹饪专业的学生，在学知识、练技能时，不仅要知其然，更要知其所以然，多思考“为什么”。

【任务实施工单】

<table>
<tr><td>任务描述</td><td colspan="4">今天中午，潮菜酒楼 11 号台客人点单返沙芋头，后厨接到订单，要在 20 min 内组织出品，厨师长把控菜品的质量，整个过程必须使顾客满意。要制作出符合要求的返沙芋头，就必须按要求切出大小一致的芋头条，要会初步热处理——“炸”，要会熬返沙的糖浆</td></tr>
<tr><td>用料</td><td colspan="4">芋头、小葱、白糖、水</td></tr>
<tr><td>制作过程</td><td colspan="4">（1）芋头去皮，切成 6 cm × 2 cm × 2 cm 的条，小葱切葱花备用。
（2）起锅烧油，三成油温，将芋头下锅炸熟。
（3）水和糖按 1 ： 2 的比例熬制，由小泡变大泡再变绵密的细泡，呈乳白色时加入葱花和芋头，关火用铲子铲至返沙（最好用风扇吹），盛起装盘即成</td></tr>
<tr><td>成菜特点</td><td colspan="4">糖粉黏附均匀、色泽雪白，返沙芋头酥松甜香</td></tr>
<tr><td>制作关键</td><td colspan="4">（1）初步热处理“炸”油温把控准确。
（2）糖浆熬制温度合适。
（3）芋头未冷却便熬好糖浆</td></tr>
<tr><td rowspan="7">考核标准</td><td>序号</td><td>考核项目</td><td>标准分数</td><td>实际得分</td></tr>
<tr><td>1</td><td>成菜效果</td><td>60</td><td></td></tr>
<tr><td>2</td><td>刀工技术</td><td>10</td><td></td></tr>
<tr><td>3</td><td>调味技术</td><td>5</td><td></td></tr>
<tr><td>4</td><td>烹调火候</td><td>15</td><td></td></tr>
<tr><td>5</td><td>完成时间</td><td>10</td><td></td></tr>
<tr><td colspan="3">总分</td><td></td></tr>
<tr><td>学习总结</td><td colspan="4"></td></tr>
<tr><td rowspan="2">任务拓展</td><td colspan="4">根据返沙芋头的制作方法，从原料、造型等方面进行创新，写下创新菜肴的用料、制作过程、成菜特点和制作关键，并拍下创新菜肴的图片</td></tr>
<tr><td colspan="2"></td><td colspan="2"></td></tr>
</table>

【作品赏析】

广东省职业院校技能大赛烹饪赛项热菜作品赏析（图 3-25 ～图 3-35）。

图 3-25　鱼子酱脆皮糯米鸡

图 3-26　脆皮牛坑腩

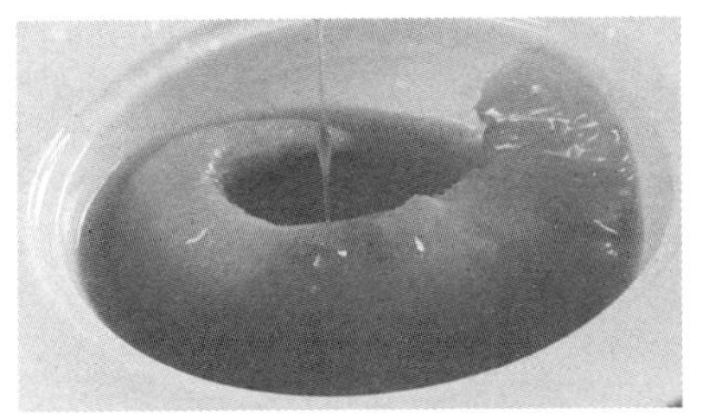

图 3-27　红烧金勾翅

图 3-28　橙香青龙

图 3-29　风范汁焗虎虾

图 3-30　富贵炒花胶

图 3-31　卤狮头鹅

图 3-32　瑶柱菜心粒蛋白炒饭

图 3-33　白菜绣球

图 3-34　葱香黑椒牛仔粒

图 3-35　竹笋卷

项目四

淮扬风味热菜制作

项目四彩图

项目导读

淮扬菜以沿江、沿淮、徽州三地区的地方菜为代表构成，集江南水乡扬州、镇江、淮安等地菜肴之精华，是江苏菜系的代表性风味。其特点是选料注意鲜活、鲜嫩；制作精细，注意刀工；调味清淡，强调本味；重视调汤，风味清鲜；色彩鲜艳，清爽悦目；造型美观，别致新颖，生动逼真。中国饮食文化源远流长。淮扬菜系作为中国四大菜系之一，以其独特的历史风格和个性风味名扬四海（图 4-1）。

图 4-1　扒烧整猪头

淮扬菜以烹制山野海味而闻名。早在南宋时，“沙地马蹄鳖，雪中牛尾狐”就是著名的菜肴。淮扬菜以其选料精细、工艺精湛、造型精美、文化内涵丰富而在中国四大菜系中独领风骚。淮扬菜系在选料方面，注重选料广泛、营养调配、分档用料、因料施艺，体现出较强的科学性；在工艺方面，注重烹饪火工、刀法多变，擅长烧、焖、炖；在造型方面，注重色彩、器皿的有机结合，展现出精美的艺术性。可谓淮扬品位一枝独秀。菜肴特点是：用料以水鲜为主，汇江淮湖海特产为一体，禽蛋蔬菜，四季常供；刀工精细，注重火候，擅长炖、焖、煨、焐；追求本味、清鲜平和、咸甜醇正适中；适应面很广，菜品风格雅丽、形质兼美、酥烂脱骨而不失其型；滑嫩爽脆而显其味。

扬州狮子头

知识准备

图 4-2　扬州狮子头

扬州狮子头是江苏省扬州等地淮扬菜系中的一道传统菜（图 4-2）。传说狮子头做法始于隋朝，隋炀帝游幸时，以扬州万松山、金钱墩、象牙林、葵花岗四大名景为主题做成了松鼠鳜鱼、金钱虾饼、象牙鸡条和葵花斩肉（后改名为狮子头）四道菜。

一、主料营养

狮子头的主要原料为五花肉，五花肉（又称肋条肉、三层肉）位于猪的腹部，猪腹部脂肪组织很多，其中又夹带着肌肉组织，肥瘦间隔，故称“五花肉”。狮子头口感软糯滑腻，营养丰富。

五花肉味甘咸、性平，入脾、胃、肾经；补肾养血、滋阴润燥；主治热病伤津、消渴羸瘦、肾虚体弱、产后血虚、燥咳、便秘；可补虚、滋肝阴、润肌肤。

二、刀工技法

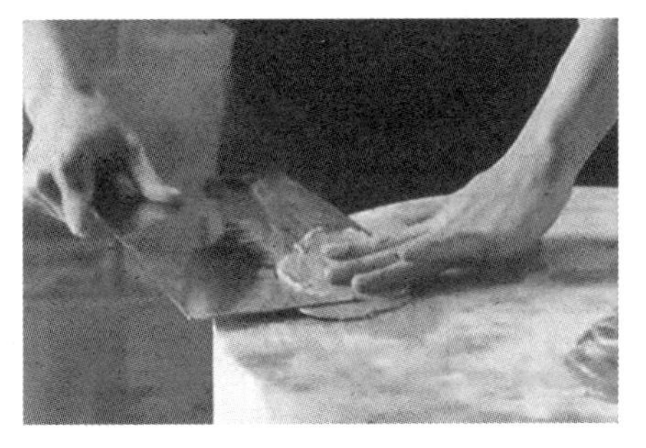
图 4-3　平刀五花肉

将肥肉和瘦肉分别细切粗条，剁成石榴粒大小。这样的好处是能保持肉质肌理，组织尚存，最大限度地保持口感鲜嫩（图 4-3）。

三、烹调技法

制作肉末，不是用刀剁，更不是用绞肉机，因为绞肉机绞出来的肉末太细且没有弹性。加入同样切丁的辅料，拌入姜末、葱花、黄酒、盐等调味料后，对肉末进行摔打，让肉末和调味料充分醒发融合，给肉馅均匀“上劲”，直到肥肉纤维与瘦肉纤维相互渗透，最后揉成一个个圆形的团子，这就形成了狮子头的胚。

烧制肉圆，运用炖、焖的手法，保证狮子头的原汁原味，氽进滚水让狮子头定型，随着高汤温度的升高，狮子头在汤中连续翻滚，最后完全漂浮起来，这时就要想办法让狮子头在汤中受热均匀，一般会用菜心盖在上面，将狮子头完全浸入汤汁焖煮。

素养提升

扬州狮子头的主料为寻常五花肉，厨师却能够凭借精湛的刀工和调味技术，将其制成美味，入选“开国第一宴”，如今不仅誉满全国，而且被国外来宾誉为“东亚名肴”。学习烹饪技术，应当脚踏实地，苦练刀工，弘扬精益求精、与时俱进、守正创新的工匠精神。

视频：清炖蟹粉狮子头

【任务实施工单】

<table>
<tr><td>任务描述</td><td colspan="4">扬州狮子头是以讲究刀工、火候著称的淮扬菜的代表作之一。
（1）熟悉扬州狮子头的制作程序。
（2）掌握扬州狮子头的味型特点。
（3）掌握扬州狮子头的成菜特点</td></tr>
<tr><td>用料规格</td><td colspan="4">猪五花、青菜心、绍酒、精盐、味精、葱姜汁、干淀粉</td></tr>
<tr><td>制作过程</td><td colspan="4">（1）先将猪肉刮净、出骨、去皮，然后将肥肉和瘦肉分别细切粗条、剁成细粒，用绍酒、盐、葱姜汁、干淀粉拌匀，做成 6 个大肉丸，放在汤里，上笼蒸 50 min，使肉丸中的油脂溢出。
（2）将切好的青菜心用热油锅煸至呈翠绿色取出。取砂锅 1 只，锅底放 1 块熟肉皮（皮朝上），将煸好的青菜心倒入，再放入蒸好的狮子头和蒸出的汤汁，再用青菜心盖好，盖上锅盖，上火烧滚后，炖 20 min 即成。食用时，将青菜心去掉，放味精，连砂锅上桌</td></tr>
<tr><td>成菜特点</td><td colspan="4">肉丸肥而不腻，青菜酥烂清口，肥嫩异常</td></tr>
<tr><td>制作关键</td><td colspan="4">（1）选用五花肉，肉馅搅拌上劲，炖时火要小。
（2）煮制时掌握好火候和成熟度。
（3）掌握好制作时间</td></tr>
<tr><td rowspan="7">考核标准</td><td>序号</td><td>考核项目</td><td>标准分数</td><td>实际得分</td></tr>
<tr><td>1</td><td>成菜效果</td><td>60</td><td></td></tr>
<tr><td>2</td><td>刀工技术</td><td>10</td><td></td></tr>
<tr><td>3</td><td>调味技术</td><td>10</td><td></td></tr>
<tr><td>4</td><td>烹调火候</td><td>10</td><td></td></tr>
<tr><td>5</td><td>完成时间</td><td>10</td><td></td></tr>
<tr><td colspan="3">总分</td><td></td></tr>
<tr><td>学习总结</td><td colspan="4"></td></tr>
<tr><td>任务拓展</td><td colspan="4">根据扬州狮子头的制作方法，从配料、味型等方面进行创新，写下创新菜肴的用料、制作过程、成菜特点和制作关键，并拍下创新菜肴的图片</td></tr>
</table>

项目四

工作任务二

拆烩鲢鱼头

拆烩鲢鱼头制作视频

根据“知识准备”模块的内容结合视频，完成工作任务二的预习工作。

知识准备

拆烩鲢鱼头是江苏省扬州等地淮扬菜系中的一道传统菜。清朝末年，扬州城里有一个姓未的财主，他老婆过生日，厨师买了一条10余公斤重的大鲢鱼，鱼身做了菜，鱼头没用处，财主觉得弃之可惜，便命厨师将鱼头骨去掉，把鱼肉烧成菜。厨师想了片刻，先把鱼头一劈两半，冲洗干净，再放进锅里用清水煮。煮到离骨时，捞出去骨，将肉归在一起放上油、盐、葱姜等下锅烧烩，端去给客人吃，众人一看，不由得怒从心头起，这哪里是鱼，明明是吃过的剩菜，一怒之下，全都往外走。这可急坏了财主，忙说这是家传名菜，无骨无刺，口味鲜美。随后，又让厨师多放了些佐料、配菜，用鸡汤重烧，厨师出于好奇，尝了尝，感到鱼肉肥嫩、味道鲜美，很有特色。不久，拆烩鲢鱼头便成了誉满江苏的扬州名菜（图4-4）。

图 4-4　拆烩鲢鱼头

一、主料营养

拆烩鲢鱼头的主要原料为鲢鱼头，鱼头肉质细嫩、营养丰富，除了含蛋白质、脂肪、钙、磷、铁、维生素 B_1，还含有鱼肉中所缺乏的卵磷脂，可增强记忆、思维和分析能力。鱼头还含有丰富的不饱和脂肪酸，可使大脑细胞异常活跃，故使推理、判断力极大增强。因此，常吃鱼头不仅可以健脑，而且可以延缓脑力衰退。另外，鱼鳃下边的肉呈透明的胶状，里面富含胶原蛋白，有助于对抗人体老化及修补身体细胞组织。

二、刀工技法

将鲢鱼头去鳞、去鳃，清水洗净，用刀在下颚处进刀劈成两半，再用清水洗净污血，放入锅内，加清水淹没鱼头，放入葱结、姜片各 5 g，绍酒 25 g，用旺火烧开，移小火焖 10 min，用漏勺捞入冷水中稍浸一下，在水面上，用左手托住鱼头，鱼面朝下，右手将鱼骨一块块拆去，将拆骨的鱼头鱼面朝下放在竹垫上（图 4-5）。

图 4-5　拆鲢鱼头

三、烹调技法

烩时菜汤料各一半，所以勾芡是重要的技术环节，勾芡要稠稀适度，略浓于“米汤”。过稀会泻芡，原料浮不起来；过浓则黏稠糊嘴。勾芡时，火力要旺，汤要沸，下芡后要迅速搅和，使汤菜通过芡的作用融合；勾芡时，还要注意水和淀粉溶解均匀，以防勾芡时汤内出现疙瘩粉块；勾芡可分几次下入，以防把握不准。

素养提升

拆烩鲢鱼头的主料为寻常鲢鱼头，厨师却能够凭借精湛的刀工和调味技术，将其制成美味。作为烹饪专业的学生，还应了解举我国古代具有代表性的名菜，以及中餐发展趋势，感受中华饮食文化的源远流长，树立文化自信。

【任务实施工单】

<table>
<tr><td>任务描述</td><td colspan="4">拆烩鲢鱼头是以讲究火候著称的淮扬菜的代表作之一。
（1）熟悉拆烩鲢鱼头的制作程序。
（2）掌握拆烩鲢鱼头的味型特点。
（3）掌握拆烩鲢鱼头的成菜特点</td></tr>
<tr><td>用料</td><td colspan="4">花鲢鱼头、菜心、葱姜、绍酒、盐、熟猪油、肉骨头、味精、胡椒粉、湿淀粉、青蒜叶丝等</td></tr>
<tr><td>制作过程</td><td colspan="4">（1）将鲢鱼头去鳞、去鳃，用清水洗净，用刀在下颚处进刀劈成两半，再用清水洗净污血，放入锅内，加清水淹没鱼头，放入葱结、姜片、绍酒，用旺火烧开，移小火焖 10 min，用漏勺捞入冷水中稍浸一下，在水面上，用左手托住鱼头，鱼面朝下，右手将鱼骨一块块拆去，将拆骨的鱼头鱼面朝下放在竹垫上。
（2）将菜心洗净，菜头削成橄榄形。炒锅上火，舀入熟猪油，烧至五成热，放入菜心氽熟，将锅内的油倒出，加肉骨汤、盐、味精，烧 5 min 后，将菜心取出，放在汤盘中衬底。
（3）炒锅上旺火，加猪油，烧至五成热，下葱、姜等煸出香味，将鱼头肉放入，加绍酒、肉骨，烧开后加盐、味精等，移小火烩 10 min，用大火收浓卤汁，调好口味，放少量胡椒粉，用湿淀粉勾芡，浇熟猪油，出锅倒在菜心上，加青蒜叶丝即成</td></tr>
<tr><td>成菜特点</td><td colspan="4">卤汁乳白稠浓，肉质肥嫩，滋味鲜美</td></tr>
<tr><td>制作关键</td><td colspan="4">（1）拆鱼头时要注意完整性，烩制时要用小火焖一会儿。
（2）煮制时掌握好火候和成熟度。
（3）掌握好制作时间</td></tr>
<tr><td rowspan="7">考核标准</td><td>序号</td><td>考核项目</td><td>标准分数</td><td>实际得分</td></tr>
<tr><td>1</td><td>成菜效果</td><td>60</td><td></td></tr>
<tr><td>2</td><td>刀工技术</td><td>10</td><td></td></tr>
<tr><td>3</td><td>调味技术</td><td>10</td><td></td></tr>
<tr><td>4</td><td>烹调火候</td><td>10</td><td></td></tr>
<tr><td>5</td><td>完成时间</td><td>10</td><td></td></tr>
<tr><td colspan="3">总分</td><td></td></tr>
<tr><td>学习总结</td><td colspan="4"></td></tr>
<tr><td rowspan="2">任务拓展</td><td colspan="4">根据拆烩鲢鱼头的制作方法，从配料、味型等方面进行创新，写下创新菜肴的用料、制作过程、成菜特点和制作关键，并拍下创新菜肴的图片</td></tr>
<tr><td colspan="2"></td><td colspan="2"></td></tr>
</table>

工作任务三

大煮干丝

知识准备

大煮干丝（图 4-6）的前身是九丝汤。相传乾隆皇帝下江南，一次来到扬州，地方官员为了取悦皇帝，将本地烹饪高手以重金聘请来，专门为乾隆烹制菜肴。厨师听说是给皇上做菜，谁也不敢懈怠，个个拿出看家本领，精心调制出花样繁多的菜品。其中有一道菜名叫九丝汤，是用豆腐干和鸡丝等烩煮而成的，因为豆腐干切得极细，经过鸡汤烩煮，汇入了各种鲜味，食之软糯可口，别有一番滋味。乾隆吃过大为满意，于是这道菜便成了他每到扬州之后的必吃菜。后来扬州厨师与时俱进，把这“九丝汤”进化成了当今的大煮干丝。

图 4-6　大煮干丝

一、主料营养

大煮干丝的主要原料为豆腐干。豆腐干在我国具有悠久的历史，是中国传统豆制品之一，也是豆腐的再加工制品。豆腐干咸香爽口、硬中带韧、久放不坏，是中国各大菜系中都有的一种原料。

豆腐干中蛋白质含量丰富，豆腐蛋白属于完全蛋白，不仅含有人体必需的 8 种氨基酸，而且比例接近人体所需，营养价值也很高。豆腐干中所含的卵磷脂可以降低胆固醇，预防血管硬化和心血管疾病，保护心脏。豆腐干富含多种矿物质，可补充钙质，防止因缺钙而引起的骨质疏松，促进骨骼发育。

二、刀工技法

制作大煮干丝，首先要将豆腐干用刀平切成薄片，此时需要使用平刀法（图 4-7）。

图 4-7　平刀切豆腐

平刀法是指刀面与墩面平行，刀保持水平运动的刀法。运刀要用力平衡，不应此轻彼重，从而产生凹凸不平的现象。依据用力方向，这种刀法可分为平刀直片、平刀推片、平刀拉片、平刀抖片、平刀滚料片等。其中，平刀直片是指刀刃与砧板平行切进原料，适用于易碎的软嫩原料，如豆腐、豆腐干、鸡（鸭）血。

三、烹调技法

豆腐干本身无味，需要使用高汤进行煮制，方能入味。

煮是将主料（有的用的是生料，有的是经过初步熟处理的半成品）先用旺火烧沸，再用中、小火煮熟的一种烹调技法。制品特点为菜汤合一、汤汁鲜醇、质感软嫩。制法种类包括白煮、汤煮等。

煮时不加调味料，有的加入料酒、葱段、姜片等，以去除腥膻异味。主料老韧的要用小火或微火煮制；主料较嫩的则用中火或小火煮制。凡是有血腥异味的主料，在正式煮制前都必须经过焯水处理。煮时要将水一次加足，中途不宜添加水。白煮汤汁要保持浓白，火力不宜过大。

素养提升

大煮干丝的主料为寻常豆腐干，厨师却能够凭借精湛的刀工和调味技术，将其制成美味，入选“开国第一宴”，如今不仅誉满全国，而且被国外来宾誉为“东亚名肴”。烹饪学生应了解中国饮食文化的常见菜肴，熟悉所学专业内容，树立专业认同感，强化职业责任感。

【任务实施工单】

<table>
<tr><td>任务描述</td><td colspan="4">大煮干丝又称鸡汁煮干丝或鸡火煮干丝，是以讲究刀工、火候著称的淮扬菜的代表作之一。
（1）熟悉大煮干丝的制作程序。
（2）掌握大煮干丝的味型特点。
（3）掌握大煮干丝的成菜特点</td></tr>
<tr><td>用料</td><td colspan="4">豆腐干、开洋、鲜虾、葱姜、高汤、精盐、鸡精、料酒</td></tr>
<tr><td>制作过程</td><td colspan="4">（1）将豆腐干先片成薄片再改刀成细丝，浸入清水使其分开，然后滗去水，放入小煮锅中，加少许盐，用开水浸烫三次，除去豆腥味，然后过清水，捞出沥干水分备用。
（2）将开洋用温水泡软后加入料酒，隔水蒸透；鲜虾去壳、去虾线，入开水锅烫熟捞出备用；将姜切细丝。
（3）往锅内加入高汤，将干丝、开洋下锅，大火烧开后加盐、鸡精调味，改小火煮 15 min，起锅前放入香葱末。
（4）将干丝倒入碗中，撒上鲜虾仁。
（5）将姜丝入油锅炸成金黄色，放于干丝上即成</td></tr>
<tr><td>成菜特点</td><td colspan="4">干丝洁白精细，口感咸鲜爽口</td></tr>
<tr><td>制作关键</td><td colspan="4">（1）豆腐干切丝，规格整齐，长短、粗细一致，不能出现切而不断的连刀。
（2）煮制时掌握好火候和成熟度。
（3）掌握好制作时间</td></tr>
<tr><td rowspan="7">考核标准</td><td>序号</td><td>考核项目</td><td>标准分数</td><td>实际得分</td></tr>
<tr><td>1</td><td>成菜效果</td><td>60</td><td></td></tr>
<tr><td>2</td><td>刀工技术</td><td>10</td><td></td></tr>
<tr><td>3</td><td>调味技术</td><td>10</td><td></td></tr>
<tr><td>4</td><td>烹调火候</td><td>10</td><td></td></tr>
<tr><td>5</td><td>完成时间</td><td>10</td><td></td></tr>
<tr><td colspan="3">总分</td><td></td></tr>
<tr><td>学习总结</td><td colspan="4"></td></tr>
<tr><td>任务拓展</td><td colspan="4">根据大煮干丝的制作方法，从配料、味型等方面进行创新，写下创新菜肴的用料、制作过程、成菜特点和制作关键，并拍下创新菜肴的图片</td></tr>
</table>

工作任务四

文思豆腐

文思豆腐制作视频

根据“知识准备”模块的内容结合视频，完成工作任务四的预习工作。

知识准备

文思豆腐是传统名菜，由清代乾隆年间扬州僧人文思和尚所创制。清人俞樾在《茶香室丛钞》中写道：“文思字熙甫，工诗，又善为豆腐羹甜浆粥。至今效其法者，谓之文思豆腐。”《调鼎集》上又称之为“什锦豆腐羹”（图 4-8）。

此菜选料极严格，刀工也很精细。其口感软嫩清醇，细密的豆腐丝入口即化，让人回味无穷。

图 4-8　文思豆腐

一、主料营养

内酯豆腐是以葡萄糖酸 - δ - 内酯为凝固剂生产的豆腐。传统的豆腐制作多采用石膏、卤水作为凝固剂，其工艺复杂、产量低、储存期短，人体不易吸收。而以葡萄糖酸 - δ - 内酯为凝固剂生产的豆腐，可减少蛋白质流失，提高保水率，大大地增加了产量，而且豆腐洁白细腻、有光泽、口感好、保存时间长。

葡萄糖酸 - δ - 内酯在常温下缓慢水解，加热时水解速度加快，水解产物为葡萄糖酸。葡萄糖酸可使蛋白质凝固沉淀。葡萄糖酸 - δ - 内酯水解速度受温度和 pH 的影响。温度越高，凝固速度越快，凝胶强度也大。70 ℃时虽然也可以凝固，但产品过嫩，弹性和韧性小；温度接近 100 ℃时，豆浆处于微沸状态，产品易产生气泡。因此，一般选择温度为 90 ℃左右。pH 在中性时，内酯的水解速度快，pH 过高或过低都会使水解速度减慢。

二、刀工技法

制作文思豆腐，首先要将豆腐用刀片成薄片（此时需要使用跳刀法），再切成丝（图 4-9）。右手持刀，抵住左手中指关节（或指甲）下刀（抵住关节安全些，熟练后就可抵着指甲切，快且更容易把握原料厚薄）。持刀要稳，垂直下刀，不要来回推拉着切，看准后果断下刀。切好的片平铺下来，运用同样的方法切丝。

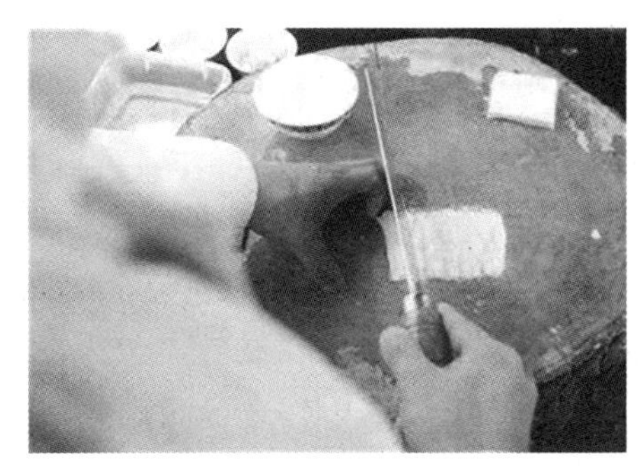

图 4-9　豆腐切丝

三、烹调技法

（1）质感脆嫩。使用旺火使原料急速加热成熟。

（2）重视菜形美观。

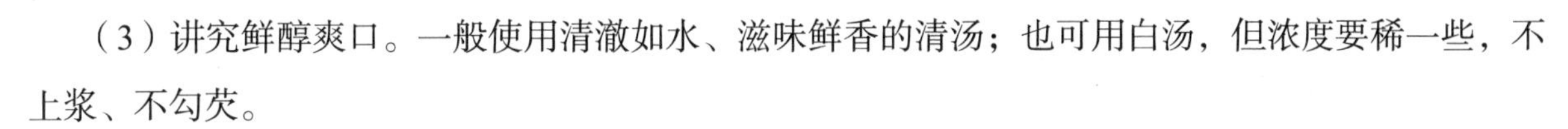

（3）讲究鲜醇爽口。一般使用清澈如水、滋味鲜香的清汤；也可用白汤，但浓度要稀一些，不上浆、不勾芡。

（4）调味料使用葱、姜、料酒、细盐、味精、鸡精等，不用带色的调味品。

原料下锅时，水温具有以下 4 种情况：

（1）滚开沸水：水温为 100 ℃。

（2）沸而不腾的热水：水温在 90 ℃左右。

（3）微烫温水：水温为 50 ～ 60 ℃。

（4）温凉水：水温在 50 ℃以下。

根据原料的性质、质地掌握水的温度和原料投入的时间及加热的时间。

素养提升

文思豆腐是扬州地区的一款传统名菜，它始于清代，由清代乾隆年间扬州僧人文思和尚所创制，是一道有着悠久历史的淮扬菜肴，它选料极严格，刀工精细，软嫩清醇，入口即化，同时具有调理营养不良、补虚养身等功效，是适合老人、儿童的上好菜谱。此菜选用内酯豆腐、冬笋、鸡胸肉、火腿、香菇等原料精心烹制而成，其烹饪刀法考究，豆腐滋味鲜美。在学习烹饪时，要理解认识与实践的辩证关系，倡导理论联系实际，做到知行合一，明确今后在实践中应提高自身的认识水平。

【任务实施工单】

<table>
<tr><td>任务描述</td><td colspan="4">文思豆腐是以讲究刀工、火候著称的淮扬菜的代表作之一。
（1）熟悉文思豆腐的制作程序。
（2）掌握文思豆腐的味型特点。
（3）掌握文思豆腐的成菜特点</td></tr>
<tr><td>用料</td><td colspan="4">豆腐、冬笋、鸡胸肉、火腿、香菇、生菜、盐、味精、鸡清汤等</td></tr>
<tr><td>制作过程</td><td colspan="4">（1）将豆腐切成细丝，用沸水焯去黄水和豆腥味，把香菇去蒂、洗净、切成细丝。将冬笋去皮、洗净、煮熟、切丝。将鸡胸肉用清水冲洗干净、煮熟、切成细丝。将熟火腿切成细丝。将生菜叶择洗干净、用水焯熟、切成细丝。
（2）将香菇丝放入碗内，加鸡清汤 50 mL，上笼蒸熟。将锅置火上，舀入鸡清汤 200 mL 烧沸，投入香菇丝、冬笋丝、火腿丝、鸡丝、生菜丝等，加入盐等调味料烧沸，盛汤碗内加味。
（3）另取锅置火上，舀入鸡清汤调味，沸后投入豆腐丝，待豆腐丝浮上汤面，勾芡盛入汤碗内上桌</td></tr>
<tr><td>成菜特点</td><td colspan="4">刀工精细，软嫩清醇，入口即化</td></tr>
<tr><td>制作关键</td><td colspan="4">（1）此菜要选用内酯豆腐、香菇、冬笋、火腿、鸡胸肉，都切成粗细一致的细丝。
（2）煮制时掌握好火候和成熟度。
（3）掌握好制作时间</td></tr>
<tr><td rowspan="7">考核标准</td><td>序号</td><td>考核项目</td><td>标准分数</td><td>实际得分</td></tr>
<tr><td>1</td><td>成菜效果</td><td>60</td><td></td></tr>
<tr><td>2</td><td>刀工技术</td><td>10</td><td></td></tr>
<tr><td>3</td><td>调味技术</td><td>10</td><td></td></tr>
<tr><td>4</td><td>烹调火候</td><td>10</td><td></td></tr>
<tr><td>5</td><td>完成时间</td><td>10</td><td></td></tr>
<tr><td colspan="3">总分</td><td></td></tr>
<tr><td>学习总结</td><td colspan="4"></td></tr>
<tr><td rowspan="2">任务拓展</td><td colspan="4">根据大煮干丝的制作方法，从配料、味型等方面进行创新，写下创新菜肴的用料、制作过程、成菜特点和制作关键，并拍下创新菜肴的图片</td></tr>
<tr><td colspan="2"></td><td colspan="2"></td></tr>
</table>

三套鸭

知识准备

三套鸭是江苏扬州、高邮一带的一道特色传统名菜，属于淮扬菜。古时扬州和高邮一带盛产麻鸭，扬州、高邮地区专门养殖，由于高邮养殖的范围最广、技术最先进，所以又名高邮麻鸭，是全国三大名鸭之一。此鸭十分肥美，是制作“南京板鸭”“盐水鸭”等鸭菜的优质原料。三套鸭以野鸭为制作主料，烹饪技巧以焖为主，口味属于咸鲜味。“三套鸭”家鸭肥嫩、野鸭喷香、菜鸽细酥，滋味极佳。有人赞美此菜具有“闻香下马，知味停车”的魅力（图 4-10）。

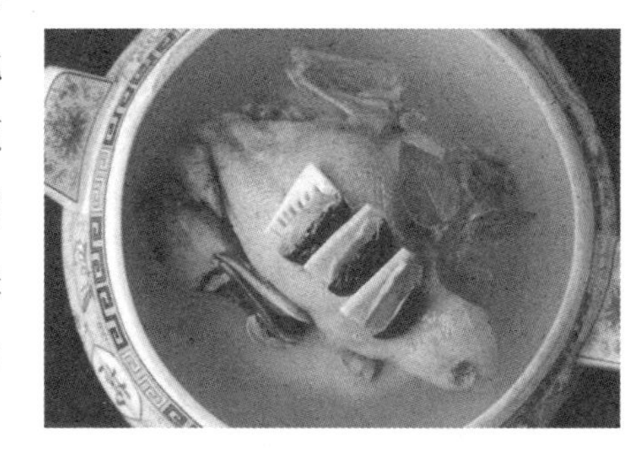

图 4-10　三套鸭

一、主料营养

鸭肉中的蛋白质含量为 16% ～ 25%，比畜肉含量高很多，放养的野鸭更佳。鸭肉蛋白主要是肌浆蛋白和肌凝蛋白；有一部分是间质蛋白，其中含有溶于水的胶原蛋白和弹性蛋白；另外，还有少量的明胶，其余为非蛋白氮。鸭肉中的脂肪酸熔点低，易于消化，所含 B 族维生素和维生素 E 较其他肉类多，能有效抵抗气病、神经炎和多种炎症，还能抗衰老。鸭肉中含有较为丰富的烟酸，它是构成人体内两种重要辅酶的成分之一，对心肌梗死等心脏疾病患者有保护作用。鸽肉味咸，性平，入肝、肾二经，滋肾益气，祛风解毒。

二、刀工技法

三套鸭连砂锅一起上桌，汤汁清鲜，略带香醇腊味，多味复合，相得益彰。由小火焖炖而成，三套鸭造型完整生动，禽肉分外香腴、异常鲜醇，其最外一层的家鸭肉肥而鲜嫩，中间一层的野鸭肉紧而味香，最里面一层的菜鸽肉松而更为鲜嫩，由外层向里层吃，让人有越吃越鲜、越吃越嫩、渐入佳境、美在其中之感。

三、烹调技法

三套鸭的烹饪技法以焖为主，口味属于咸鲜味。

三套鸭的主要制作过程是将家鸭、野鸭和鸽子宰杀洗净，把三禽分别整料出骨，后入沸水锅略烫。将鸽子由野鸭刀口处套入腹内，并将冬菇、火腿片塞入野鸭腹空隙处，再将野鸭套入家鸭腹内，然后下锅焯水，捞出沥干，将竹箅垫入砂锅底，放入套鸭，加绍酒、葱姜及洗净的肫肝，加清水淹没鸭身，置中火烧沸去浮沫，用平盘压住鸭身，加盖移微火上焖 3 h 到酥烂，拣去葱姜，拿出竹箅，将鸭翻身至胸朝上，捞出肫肝切片，与冬菇、火腿片、笋片间隔排在鸭身上，放入精盐再炖 30 min 即成。

素养提升

清代《调鼎集》上曾记有套鸭的具体制作方法："肥家鸭去骨，板鸭亦去骨，填入家鸭肚内，蒸极烂，整供。"学习烹饪技术，应当脚踏实地、苦练刀工，弘扬精益求精、与时俱进、守正创新的工匠精神。

【任务实施工单】

<table>
<tr><td>任务描述</td><td colspan="4">三套鸭是以讲究刀工、火候著称的淮扬菜的代表作之一。
（1）熟悉三套鸭的制作程序。
（2）掌握三套鸭的味型特点。
（3）掌握三套鸭的成菜特点</td></tr>
<tr><td>用料</td><td colspan="4">活家鸭、活野鸭、活菜鸽、熟火腿片、水发冬菇、冬笋片、鸡肫、鸡肝、绍酒、葱、姜、精盐</td></tr>
<tr><td>制作过程</td><td colspan="4">（1）先将家鸭、野鸭和鸽子宰杀清洗干净，再将三禽分别整料出骨，后入沸水锅略烫。
（2）将鸽子由野鸭刀口处套入其腹内，并将冬菇、熟火腿片塞入野鸭腹空隙处，再将野鸭套入家鸭腹内。
（3）将套鸭放入锅中焯水，捞出沥干。将竹箅垫入砂锅底，放入套鸭，加绍酒、葱、姜及洗净的鸡肫、鸡肝，加清水淹没鸭身，置于中火上烧沸去浮沫，用平盘压住鸭身，加盖移微火上焖 3 h 到鸭酥烂，拣去葱、姜。拿出竹箅，将鸭翻身（胸朝上），捞出鸡肫、鸡肝，切片，与冬菇、火腿片、冬笋片间隔排在鸭身上，放入精盐再炖 30 min 即成</td></tr>
<tr><td>成菜特点</td><td colspan="4">家鸭肉肥味鲜，野鸭肉紧味香，菜鸽肉松而嫩。汤汁清鲜，带有腊香</td></tr>
<tr><td>制作关键</td><td colspan="4">（1）鸽子由野鸭刀口处套入其腹内，将冬菇、熟火腿片塞入野鸭腹空隙处；野鸭从家鸭刀口处套入腹内。
（2）煮制时掌握好火候和成熟度。
（3）掌握好制作时间</td></tr>
<tr><td rowspan="7">考核标准</td><td>序号</td><td>考核项目</td><td>标准分数</td><td>实际得分</td></tr>
<tr><td>1</td><td>成菜效果</td><td>60</td><td></td></tr>
<tr><td>2</td><td>刀工技术</td><td>10</td><td></td></tr>
<tr><td>3</td><td>调味技术</td><td>10</td><td></td></tr>
<tr><td>4</td><td>烹调火候</td><td>10</td><td></td></tr>
<tr><td>5</td><td>完成时间</td><td>10</td><td></td></tr>
<tr><td colspan="3">总分</td><td></td></tr>
<tr><td>学习总结</td><td colspan="4"></td></tr>
<tr><td>任务拓展</td><td colspan="4">根据三套鸭的制作方法，从配料、味型等方面进行创新，写下创新菜肴的用料、制作过程、成菜特点和制作关键，并拍下创新菜肴的图片</td></tr>
</table>

开洋蒲菜

开洋蒲菜是江苏淮安地方传统名菜，属于淮扬菜，是以蒲菜清蒸而成。口感细嫩爽口，汤汁清鲜，清香四溢，深受各地人们喜爱。同时，开洋蒲菜为清热解毒食谱及孕妇食谱，具有清热解毒调理、防暑调理、夏季养生调理的功效，是食疗人群的上好选择（图 4-11）。

图 4-11　开洋蒲菜 1

"蒲菜佳肴甲天下，古今中外独一家。"说的就是淮扬菜中的精品菜"开洋蒲菜"，它以"鲜嫩味美、清淡爽口"扬名世界。蒲菜又有"抗金菜"的美名，它与抗金名将、民族英雄韩世忠、梁红玉夫妇有关。

传说南宋建炎五年，金兀术率数十万大军南下，意欲一举摧垮南宋政权，一统中国。金兵十万兵临淮安城下。此时南宋名将韩世忠和夫人梁红玉正屯兵驻守镇江（京口）。这里正是两国争夺的重要地域。为了有效地扼制金兵攻势，梁红玉亲临淮安，率领水陆精兵抗击金兀术。一连几场恶战，宋军斗志旺盛，金兀术损兵折将。一天深夜，金兀术急调数万金兵将淮安县城围了个水泄不通，发誓非要活捉梁红玉不可。梁红玉身披战袍，屹立城楼，鼓动全体将士誓与淮安共存亡。她的表率作用极大地鼓舞了宋军士气，淮安城里父老全力支援，有人的出人，有粮的出粮，军民同心同德，将金兵攻势一次又一次瓦解了。

围城日子一久，淮安城里粮食已所剩无几。梁红玉知道朝廷调拨的军粮是远水不解近渴，只有发动军民想办法自己解决。这时，淮安老百姓又送来一些饭菜。一位为首的老人说："可以到柴蒲荡里挖蒲草根吃。过去饥荒年景，吃那东西还是能抵一阵子的。"梁红玉立即吩咐一部分军士跟随老人去挖蒲根。回来经过加工后，分给将士们吃，有了食物就有了体力，打败金兵也就更有信心了。就这样一连几个月坚守城池，南宋军民靠吃蒲根保持体力，终于击破了金兵攻陷淮安城的计划。在金兵死伤无数的不利形势下，金兀术只能决定退兵。韩世忠元帅奉皇上之命前来淮安慰问褒奖得胜军民。韩世忠问："你们是如何应付无粮困难的？"有人回答："我们是吃抗金菜、牙根粮坚持下来的。"韩世忠不解地问："什么是抗金菜、牙根粮？"梁红玉笑道："抗金菜就是蒲根上取下的蒲菜。牙根粮就是父老乡亲们从牙缝里省下来的一点儿粮食。"韩世忠感慨地说："啊，原来如此！淮安军民真是好样的。"从那时候起，蒲菜就成了淮安百姓公认的美味菜肴，并且在制作工艺上日臻精细，可以配制成多种色味俱佳的风味菜。

一、主料营养

1. 蒲菜

蒲菜具有清凉解毒、凉血、利水和消肿的功效，适合在夏季闷烦时食用。因其所含营养素对某些妇科病有辅助疗效，故也适合经产期妇女食用。

2. 虾米（开洋）

（1）虾营养丰富，所含蛋白质是鱼、蛋、奶的几倍到几十倍；还含有丰富的钾、碘、镁、磷等矿物质及维生素 A、氨茶碱等成分；其肉质松软，易消化，对身体虚弱及病后需要调养的人是极好的食物。

（2）虾中含有丰富的镁，镁对心脏活动具有重要的调节作用，能很好地保护心血管系统，它可减少血液中胆固醇含量，防止动脉硬化，同时还能扩张冠状动脉，有利于预防高血压及心肌梗死。

（3）虾的通乳作用较强，并且富含磷、钙，对小儿、孕妇尤有补益功效。

（4）日本大阪大学的科学家发现，虾体内的虾青素有助于消除因时差反应而产生的“时差症”。

（5）虾皮有镇静作用，常用来治疗神经衰弱、自主神经功能紊乱诸症。

（6）老年人常食虾皮，可预防自身因缺钙所导致的骨质疏松症；老年人的饭菜里放一些虾皮，对提高食欲和增强体质都很有好处。

二、刀工技法

蒲菜剥去硬壳，切除根部，嫩的叶状部分切段，实心处剖开，切段；开洋用温开水加少许黄酒发胀后，倒掉水待用；热锅，滑油，蒜泥煸香，放入开洋煸炒几下，蒲菜下锅一起煸炒；开洋炒蒲菜加适量汤水，加咸鲜，小火略微煨一下，汤水滚即可起锅装盆（图 4-12）。

图 4-12　开洋蒲菜 2

三、烹调技法

扒时不加调味料，有的加入蒲菜、葱段、姜片等。主料要用小火或微火煮制；主料较嫩的则用中火或小火煮制。水要一次加足，中途不宜添加水。白煮汤汁要保持浓白，火力不宜过大。

素养提升

通过对历史文化中菜肴的理解，学生在任务中感悟中华餐饮文化之美，展现大国自信与担当，理解习近平总书记提出的“一带一路”倡议的重要性，坚定文化自信。

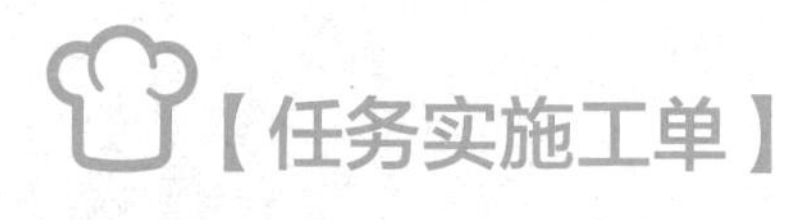

【任务实施工单】

<table>
<tr><td>任务描述</td><td colspan="4">开洋蒲菜是以讲究刀工、火候著称的淮扬菜的代表作之一。
（1）熟悉开洋蒲菜的制作程序。
（2）掌握开洋蒲菜的味型特点。
（3）掌握开洋蒲菜的成菜特点</td></tr>
<tr><td>用料</td><td colspan="4">蒲菜、虾米、姜、猪油（炼制）、小葱、盐、淀粉（蚕豆）、味精</td></tr>
<tr><td>制作过程</td><td colspan="4">（1）将蒲菜外层老皮小心剥去，用小刀削掉根部发黄的地方及最上面的老蒲。清洗干净蒲菜，挑选整齐的中间部位，掰断头尾。
（2）炒锅加热，加猪油，放入姜片、蒜泥稍微爆香，下入浸泡好沥干水分的虾米煸炒。
（3）放入蒲菜继续煸炒至稍微变软，倒进一大碗高汤，大火烧开后焖煮几分钟，开盖调味即可出锅</td></tr>
<tr><td>成菜特点</td><td colspan="4">细嫩爽口，汤汁清鲜，清香四溢</td></tr>
<tr><td>制作关键</td><td colspan="4">（1）煮制时掌握好火候和成熟度。
（2）掌握好制作时间</td></tr>
<tr><td rowspan="7">考核标准</td><td>序号</td><td>考核项目</td><td>标准分数</td><td>实际得分</td></tr>
<tr><td>1</td><td>成菜效果</td><td>60</td><td></td></tr>
<tr><td>2</td><td>刀工技术</td><td>10</td><td></td></tr>
<tr><td>3</td><td>调味技术</td><td>10</td><td></td></tr>
<tr><td>4</td><td>烹调火候</td><td>10</td><td></td></tr>
<tr><td>5</td><td>完成时间</td><td>10</td><td></td></tr>
<tr><td colspan="3">总分</td><td></td></tr>
<tr><td>学习总结</td><td colspan="4"></td></tr>
<tr><td rowspan="2">任务拓展</td><td colspan="4">根据开洋蒲菜的制作方法，从配料、味型等方面进行创新，写下创新菜肴的用料、制作过程、成菜特点和制作关键，并拍下创新菜肴的图片</td></tr>
<tr><td colspan="2"></td><td colspan="2"></td></tr>
</table>

扬州炒饭

扬州炒饭制作视频

根据“知识准备”模块的内容结合视频，完成工作任务七的预习工作。

知识准备

扬州炒饭又名扬州蛋炒饭，是江苏省扬州市的一道传统名菜，属于淮扬菜，其主要食材有米饭、火腿、鸡蛋、虾仁等（图 4-13）。

扬州炒饭选料严谨、制作精细、加工讲究，而且注重配色。炒制完成后，颗粒分明、粒粒松散、软硬有度、色彩调和、光泽饱满、配料多样、鲜嫩滑爽、香糯可口。

图 4-13　扬州炒饭

据说，隋炀帝巡游江都（今扬州）时，把他喜欢吃的“碎金饭”（鸡蛋炒饭）传入扬州；也有学者认为，扬州炒饭原本出自民间老百姓之手。

据考证，早在春秋时期，航行在扬州古运河邗沟上的船民就开始食用鸡蛋炒饭。旧时扬州，午饭如有剩，到做晚饭时，打一两个鸡蛋，加上葱花等调味品，和剩饭炒一炒，即做成蛋炒饭。

明代，扬州民间厨师在炒饭中增加配料，形成了扬州炒饭的雏形。

清嘉庆年间，扬州太守伊秉绶开始在葱油蛋炒饭的基础上，加入虾仁、瘦肉丁、火腿等，逐渐演变成多品种的什锦蛋炒饭，其味道更加鲜美。

随后，通过赴海外经商谋生的华人，特别是扬州厨师，把扬州炒饭传遍世界各地。

一、主料营养

（1）鸡蛋：含有丰富的蛋白质、脂肪、维生素和铁、钙、钾等人体所需要的矿物质；富含 DHA 和卵磷脂、卵黄素；含有较多的 B 族维生素和其他微量元素，可以分解和氧化人体内的致癌物质，具有防癌作用。

（2）鸡肉：肉质细嫩，滋味鲜美，蛋白质含量较高，而且易被人体吸收利用，有增强体力、强壮身体的作用，所含对人体生长发育有重要作用的磷脂类，是中国人膳食结构中脂肪和磷脂的重要来源之一。

（3）火腿：色泽鲜艳，红白分明，瘦肉香咸带甜，肥肉香而不腻，美味可口，各种营养成分易被人体所吸收，具有养胃生津、益肾壮阳、固骨髓、健足力、愈创口等作用。

（4）虾仁：营养丰富，肉质松软，易消化，虾肉中含有丰富的镁，能很好地保护心血管系统，它可减少血液中胆固醇含量，防止动脉硬化，同时还能扩张冠状动脉，有利于预防高血压及心肌梗死。

（5）干贝：含有蛋白质、脂肪、碳水化合物、维生素 A、钙、钾、铁、镁、硒等营养元素，具有滋阴补肾和胃调中功能，能治疗头晕目眩、咽干口渴、虚痨咳血、脾胃虚弱等症，常食有助于降血压、降胆固醇、补益健身；据记载，干贝还具有抗癌、软化血管、防止动脉硬化等功效。

（6）香菇：富含高蛋白、低脂肪、多糖、多种氨基酸、多种维生素等营养成分。

（7）海参（水浸）：含胆固醇低，脂肪含量相对少。食用海参对再生障碍性贫血、糖尿病、胃溃疡等均有良效。海参性温，味甘、咸；具有滋阴补肾、壮阳益精、养心润燥、补血、治疗溃疡等作用。

（8）豌豆：富含优质蛋白质、胡萝卜素，可以提高机体的抗病能力和康复能力，增强机体免疫功能，防止人体致癌物质的合成，降低人体癌症的发病率。豌豆中还含有较为丰富的膳食纤维，能促进大肠蠕动，防止便秘。

二、烹调技法

炒是最广泛使用的一种烹调技法，它主要是以油为导热体，将小型原料用中旺火在较短时间内加热成熟、调味成菜的方法。由于一般是旺火速成，在很大程度上保持了原料的营养成分。炒是中国传统烹调技法，烹制食物时，锅内放少量的油在旺火上快速烹制、搅拌、翻锅。在炒的过程中，食物总处于运动状态。将食物扒散在锅边，再收到锅中，再扒散，不断重复操作。这种烹调法可使肉汁多、味美，也可使蔬菜又嫩又脆。炒的方法是多种多样的，但基本操作方法是先将炒锅或平锅烧热（这时的锅热得滴上一滴水都会发出“吱吱”声），再注入油烧热。先炒肉，待熟盛出，再炒蔬菜，然后将炒好的肉倒入锅中，兑入汁和调味料，待汁收好，出锅装盘上台。

素养提升

扬州炒饭如同做试验，食材在烹饪过程中发生了一系列的化学反应，铁锅里的米粒就像实验室里的试剂，随着温度的升高和翻炒的动作，它们之间会发生各种各样的变化，释放出美妙的香气，带给我们独特的口感体验。如同做出一碗香喷喷的扬州炒饭，希望同学们在今后的学习过程中，保持严谨、认真的态度，享受自由创作的过程，发挥自己的想象力和创作力，探索未知领域，收获不同的人生体验。

【任务实施工单】

<table>
<tr><td>任务描述</td><td colspan="4">扬州炒饭是以讲究火候著称的淮扬菜的代表作之一。
（1）熟悉扬州炒饭的制作程序。
（2）掌握扬州炒饭的味型特点。
（3）掌握扬州炒饭的成菜特点</td></tr>
<tr><td>用料</td><td colspan="4">白米饭、猪肉、熟火腿肉、上浆虾仁、水发干贝、熟鸡胸肉、水发冬菇、熟鸭肫、水发海参、熟笋、青豆、鸡蛋、绍酒、葱末、熟猪油、盐、鸡清汤等</td></tr>
<tr><td>制作过程</td><td colspan="4">（1）将海参、鸡肉、火腿、鸭肫、冬菇、笋、猪肉均切成小方丁，将鸡蛋磕入碗内，加盐、葱末等，搅打均匀。
（2）锅置火上，舀入熟猪油烧热，放入虾仁滑熟，捞出，放入海参丁、鸡丁、火腿丁、干贝、冬菇丁、笋丁、鸭肫丁、猪肉丁等煸炒，加入绍酒、盐、鸡清汤，烧沸，盛入碗中备用。
（3）锅置火上，放入熟猪油，烧至五成热时，倒入鸡蛋液炒散，加入米饭炒匀，倒入一半浇头，继续炒匀，将饭的 2/3 分装盛入小碗后，将余下的浇头和虾仁、青豆、葱末倒入锅内，同锅中余饭一同炒匀，盛放在碗内盖面即成</td></tr>
<tr><td>成菜特点</td><td colspan="4">炒好后如碎金闪烁，光润油亮，鲜美爽口</td></tr>
<tr><td>制作关键</td><td colspan="4">（1）制作此菜前，要先煮出软硬适度、颗粒松散的米饭，以蛋炒之，使粒粒米饭皆裹上蛋液，俗称“金裹银”。
（2）扬州炒饭不同于家常蛋炒饭，配料众多，工艺精湛，可登大雅之堂。
（3）煮制时掌握好火候和成熟度。
（4）掌握好制作时间</td></tr>
<tr><td rowspan="7">考核标准</td><td>序号</td><td>考核项目</td><td>标准分数</td><td>实际得分</td></tr>
<tr><td>1</td><td>成菜效果</td><td>60</td><td></td></tr>
<tr><td>2</td><td>刀工技术</td><td>10</td><td></td></tr>
<tr><td>3</td><td>调味技术</td><td>10</td><td></td></tr>
<tr><td>4</td><td>烹调火候</td><td>10</td><td></td></tr>
<tr><td>5</td><td>完成时间</td><td>10</td><td></td></tr>
<tr><td colspan="3">总分</td><td></td></tr>
<tr><td>学习总结</td><td colspan="4"></td></tr>
<tr><td>任务拓展</td><td colspan="4">根据扬州炒饭的制作方法，从配料、味型等方面进行创新，写下创新菜肴的用料、制作过程、成菜特点和制作关键，并拍下创新菜肴的图片</td></tr>
</table>

无锡酱排骨

清同治年间（1871 年），无锡县城内有一对夫妇靠摆一个肉摊度日。丈夫姓陆，名步高，字兴盛，藕塘人氏。陆步高生平酷爱钻研美食，终日乐此不疲。

一日，陆步高正在午睡，忽闻一阵异香，循香气而去，竟见一乞丐正在烧火煮肉。见陆步高前来，乞丐却也毫不避讳，自顾自地从手中的破袋里掏出东西往锅里扔，口中还念念有词。陆步高上前细看，锅中是肉骨头，扔入锅中的竟是寻常可见的稻草，以及不知从何处捡来的花花绿绿的草根和树叶。随着扔入物料的增加，锅中所散发香气越发甘香醇厚，是生平闻所未闻，尝之，更是世间绝品。正欲细问，乞丐竟忽然不见了。

图 4-14　无锡酱排骨

惊诧之余，忽觉神志恢复，原来是梦一场。而梦中所见却历历在目，细细揣摩后茅塞顿开，方领悟美食真道。经过多方的询问和查找，终于将梦中所见的“草根树叶”一一寻遍，原来都是山药、丁香等中草药，既提味，又益人。再将这些中草药配比后放入正在熬制的骨汤中，随即香气弥漫，不久就传遍全城，此为无锡酱排骨（图 4-14）的起源。

一、主料营养

排骨味甘咸、性平，入脾、胃、肾经，它味道鲜美，不像五花肉那么油腻，具有滋阴壮阳、益精补血的功效。气血不足、阴虚纳差者应该多吃排骨。同时排骨含有蛋白、脂肪、维生素和大量磷酸钙、骨胶原、骨黏蛋白等，幼儿和老年人常吃排骨能很好地补充身体所需要的钙质，促进骨骼健康。

二、刀工技法

无锡酱排骨原料要选取三夹精的草排，肉质细嫩，一头猪身上只有七八斤。将其切成大小一致的段。

三、烹调技法

酱是将初加工后的生料放入预先调制好的酱汤锅内，用旺火烧开后改中小火长时间加热，使原料成熟入味，捞出冷却成菜的一种冷菜技法。酱汤的调制方法相较于卤水来说，要简单得多。提前用老鸡、棒子骨等荤料熬成汤料，然后在汤料中放入常用香料和简单的调味料（如盐、鸡粉、糖色等）熬制而成。由于酱制的原料多带有浓郁的异味，所以香料包的配比非常关键。

素养提升

通过教师的示范操作，学生进行模仿，从而进行中餐制作项目实训，实现学中做、做中学，提高学生技能；观看职业大赛视频，引导学生关注并积极参加相关比赛，为未来职业生涯发展积累经验。在综合技能练习过程中，培养学生规范化、标准化和程序化的服务意识，帮助学生养成一丝不苟的工作态度，树立精益求精的大国工匠精神。

【任务实施工单】

<table>
<tr><td>任务描述</td><td colspan="4">无锡酱排骨是以讲究刀工、火候著称的淮扬菜的代表作之一。
（1）熟悉无锡酱排骨的制作程序。
（2）掌握无锡酱排骨的味型特点。
（3）掌握无锡酱排骨的成菜特点</td></tr>
<tr><td>用料</td><td colspan="4">猪肋条排骨、精肥方肉、酱油、白糖、绍酒、姜、葱、桂皮、茴香、硝酸钠粉末、食盐、红米</td></tr>
<tr><td>制作过程</td><td colspan="4">（1）选料：选用太湖猪前腿的椎排和胸排，切成 2 两重的长方形肉块。
（2）初腌：每百公斤生坯，加 1.5 kg 碎的食盐和 100 g 硝酸钠（溶于水），一起倒入缸里搅拌均匀，腌一夜后取出晾干。
（3）初煮：将腌过的生坯放入沸水中烧滚后取出，用清水洗净污物、碎骨屑等。
（4）精煮：将初煮后的排骨放入用竹篾编成的筐内，连筐放入锅内，并加入大茴、丁香、桂皮等香料及佐料，每百公斤生坯加优质酱油 10.5 kg、砂糖 3.5 kg、黄酒 2 kg、生姜 200 g、葱 100 g，适量加水用旺火烧 2 h，再用文火煨 20 min 后出锅。
（5）包装：待酱排骨冷却后，盛在衬有蜡纸的纸盒中，并浇上煮肉的浓缩原汁</td></tr>
<tr><td>成菜特点</td><td colspan="4">色泽光润红亮，甜香适口</td></tr>
<tr><td>制作关键</td><td colspan="4">（1）煮制时掌握好火候和成熟度。
（2）掌握好制作时间</td></tr>
<tr><td rowspan="7">考核标准</td><td>序号</td><td>考核项目</td><td>标准分数</td><td>实际得分</td></tr>
<tr><td>1</td><td>成菜效果</td><td>60</td><td></td></tr>
<tr><td>2</td><td>刀工技术</td><td>10</td><td></td></tr>
<tr><td>3</td><td>调味技术</td><td>10</td><td></td></tr>
<tr><td>4</td><td>烹调火候</td><td>10</td><td></td></tr>
<tr><td>5</td><td>完成时间</td><td>10</td><td></td></tr>
<tr><td colspan="3">总分</td><td></td></tr>
<tr><td>学习总结</td><td colspan="4"></td></tr>
<tr><td>任务拓展</td><td colspan="4">根据无锡酱排骨的制作方法，从配料、味型等方面进行创新，写下创新菜肴的用料、制作过程、成菜特点和制作关键，并拍下创新菜肴的图片</td></tr>
</table>

镜箱豆腐

镜箱豆腐由无锡迎宾楼菜馆名厨刘俊英创制，选用无锡特产小箱豆腐烹制而成。20 世纪 40 年代，迎宾楼菜馆厨师刘俊英对家常菜——油豆腐酿肉加以改进，将油豆腐改用小箱豆腐，肉馅中增加虾仁，烹制的豆腐馅心饱满、外形美观、细腻鲜嫩，故有“肉为金，虾为玉，金镶白玉箱”之称。因豆腐块形如妇女梳妆用的镜箱盒子，故取名为镜箱豆腐。此菜品呈橘红色，鲜嫩味醇，荤素结合，老少皆宜，是雅俗共赏的无锡名菜（图 4-15）。

图 4-15　镜箱豆腐

一、主料营养

老豆腐，又称北豆腐，是起源于山东省的传统小吃，产品类似于豆腐脑，但在制作上更复杂，工艺性更强，口感较豆腐脑更老一些。

老豆腐是山东部分地区的特色早餐，深受人们欢迎。老豆腐洁白明亮、嫩而不松，卤清而不淡，油香而不腻，食之香气扑鼻，有肉味而不腥，有辣味而不呛。

老豆腐一般以盐卤（氯化镁）点制，其特点是硬度较大、韧性较强、含水量较低，口感很“粗”，味微甜略苦，但蛋白质含量高。尽管北豆腐有苦味，但其镁、钙的含量更高一些，能帮助降低血压和血管紧张度，预防心血管疾病，还有强健骨骼和牙齿的作用。

老豆腐是高蛋白、低脂肪的绿色食品。其原材料大豆中含有丰富的蛋白质，人体对其吸收率可达 92% ～ 98%，还含有多种人体必需的氨基酸，可以提高人体的免疫力；因黄豆中的卵磷脂可降低胆固醇，所以老豆腐还可以预防心血管疾病，保护心脏。大豆中的卵磷脂还具有防止肝脏内寄存过多脂肪的作用，从而有效防治因肥胖引起的脂肪肝，降糖、降脂。大豆中含有一种抑制胰酶的物质，对糖尿病有治疗作用。豆异黄酮是一种结构与雌激素相似，而且具有雌激素活性的植物性雌激素，能够减轻女性更年期综合征病状，延迟女性细胞衰老，使皮肤保持弹性，减少骨丢失，促进骨生成。

二、烹调技法

烧是指将前期熟处理的原料经炸煎或水煮加入适量的汤汁和调味料，先用大火烧开，调基本色和基本味，再改用中小火慢慢加热至将要成熟时定色，定味后旺火收汁或是勾芡汁的烹调方法。烧的工艺流程：选择原料→初步加工→切配→初步熟处理→调味烧制→收汁→装盘成菜。

（1）以水为主要的传热介质。

（2）所选用的主料多数是经过油炸煎炒或蒸煮等熟处理的半成品，少数原料也可直接采用新鲜的原料。

（3）所用的火力以中小火为主，加热时间的长短根据原料的老嫩和大小而不同。

（4）汤汁一般为原料的 1/4 左右，烧制菜肴后期转旺火勾芡或不勾芡。因此成菜饱满光亮，入口软糯，味道浓郁。

素养提升

镜箱豆腐的主料为寻常豆腐，厨师却能够凭借精湛的刀工和调味技术，将其制成美味。学习烹饪技术，应当脚踏实地、苦练刀工，弘扬精益求精、与时俱进、守正创新的工匠精神。

【任务实施工单】

<table>
<tr><td>任务描述</td><td colspan="4">镜箱豆腐是以讲究刀工、火候著称的淮扬菜的代表作之一。
（1）熟悉镜箱豆腐的制作程序。
（2）掌握镜箱豆腐的味型特点。
（3）掌握镜箱豆腐的成菜特点</td></tr>
<tr><td>用料</td><td colspan="4">豆腐、肉末、大虾仁、水发香菇、鸡蛋白、蟹柳（也可以不放）</td></tr>
<tr><td>制作过程</td><td colspan="4">（1）将肉末放入碗内，加绍酒（25 g）、精盐（1.5 g）拌和成肉馅。将豆腐对切成 4 块后，每块再均匀地切成长方形的 3 小块（每块约长 4.5 cm、宽 3 cm、厚 3 cm），共 12 块，排放在漏勺中，沥去水分。
（2）把锅置旺火上烧热，舀入豆油，烧至八成热时，将漏勺内豆腐滑入，炸至豆腐外表起软壳、呈金黄色时，用漏勺捞出沥去油。用汤匙柄在每块豆腐中间挖去一部分嫩豆腐（底不能挖穿，四边不能破），然后填满肉馅，再在肉馅上面横嵌一只大虾仁，做成镜箱豆腐生坯。
（3）将锅置旺火上烧热，舀入豆油（25 g），放入葱末炸香后，再放入香菇、青豆，锅端离火口，将镜箱豆腐生坯（虾仁朝下）整齐排入锅中，再移至旺火上，加绍酒（25 g）、酱油、白糖、番茄酱、猪肉汤、精盐（2.5 g）、味精，晃动炒锅，使调味料融合。
（4）烧沸后，盖上锅盖，移小火上烧约 6 min 至肉馅熟后，揭去锅盖，再置旺火上，晃动炒锅，收稠汤汁，用水淀粉勾芡，沿锅边淋入熟猪油，颠锅将豆腐翻身，虾仁朝上（保持块形完整，排列整齐），再淋入芝麻油，滑入盘中即成</td></tr>
<tr><td>成菜特点</td><td colspan="4">呈橘红色，鲜嫩味醇，荤素结合</td></tr>
<tr><td>制作关键</td><td colspan="4">（1）煮制时掌握好火候和成熟度。
（2）掌握好制作时间</td></tr>
<tr><td rowspan="7">考核标准</td><td>序号</td><td>考核项目</td><td>标准分数</td><td>实际得分</td></tr>
<tr><td>1</td><td>成菜效果</td><td>60</td><td></td></tr>
<tr><td>2</td><td>刀工技术</td><td>10</td><td></td></tr>
<tr><td>3</td><td>调味技术</td><td>10</td><td></td></tr>
<tr><td>4</td><td>烹调火候</td><td>10</td><td></td></tr>
<tr><td>5</td><td>完成时间</td><td>10</td><td></td></tr>
<tr><td colspan="3">总分</td><td></td></tr>
<tr><td>学习总结</td><td colspan="4"></td></tr>
<tr><td>任务拓展</td><td colspan="4">根据镜箱豆腐的制作方法，从配料、味型等方面进行创新，写下创新菜肴的用料、制作过程、成菜特点和制作关键，并拍下创新菜肴的图片</td></tr>
</table>

工作任务十

平桥豆腐

平桥豆腐（平桥豆腐羹）制作视频

根据“知识准备”模块的内容结合视频，完成工作任务十的预习工作。

知识准备

平桥是淮安区南端的一个镇，与扬州市宝应县接壤，西傍京杭大运河，有上千年的建镇历史，名列江苏百家名镇。早在公元前486年，吴王夫差开挖古邗沟之后，沟通了长江和淮河。那时淮河水位高，长江水位低。当时人们还不会造船闸，所以只能在古邗沟的北端末口沿淮河分别筑造了仁、义、礼、智、信五个坝口。后来，古邗沟被截弯取直，开凿了大运河，但水位仍是北高南低。智慧的古人便在仙女庙（今扬州市江都区）往北这一段运河河道上连续挖了许多弯子以减缓水流，并在高邮段的运河西岸筑造了一座宝塔。人们乘船北上，由于河道弯曲，船上的人常常看到高邮宝塔一会儿在河东一会儿又在河西，并且反反复复，成了观赏的一大景观——宝塔弯。

地壳变迁，大地沧桑。随着时间的推移，长江水面一度上升，而淮河水面在下降。到明朝中叶时，大运河水流到平桥这个地方时，刚好与江潮涌过来的江水水面相平，静止不动，因此得名。著名文学大师、《西游记》作者吴承恩就曾写作过《平河桥》一诗。

平桥最出名的莫过于入选过满汉全席的佳肴——平桥豆腐（图4-16），作为淮扬菜系的扛鼎之作，自有其“过人之处”。平桥豆腐绝在两点：一是用鲫鱼脑和鸡汤调味，普天之下，只此一家，姑且不论汤口如何，能想到这一点已是匪夷所思、鬼斧神工；二是成菜上桌后，略带油脂，看似不冒热气，其实很烫，勺不起，气不起，勺起气起，因此需吹后食之，小心慢用。

图4-16　平桥豆腐

一、主料营养

豆腐营养丰富，含有铁、钙、磷、镁等人体必需的多种微量元素，还含有糖类、植物油和丰富的优质蛋白，素有“植物肉”的美称。豆腐的消化吸收率达95%以上。两小块豆腐，即可满足一个人一天的钙需要量。豆腐为补益清热养生食品，常食之，可补中益气、清热润燥、生津止渴、清洁肠胃，更适合热性体质、口臭口渴、肠胃不清、热病后调养者食用。现代医学证实，豆腐除有增加营养、帮助消化、增进食欲的功能外，对齿、骨骼的生长发育也颇为有益，在造血功能中可增加血液中铁的含量；豆腐不含胆固醇，为高血压、高血脂、高胆固醇及动脉硬化、冠心病患者的药膳佳肴，也是儿童、病弱者及老年人补充营养的食疗佳品。豆腐含有丰富的植物雌激素，对防治骨质疏松症有良好的作用，还具有抑制乳腺癌、前列腺癌及血癌的功能，豆腐中的甾固醇、豆甾醇均是抑癌的有效成分。豆腐也可用于食疗，具有一定的药用价值。例如，葱炖豆腐可治感冒初起，每日食 3 ～ 5 次；鲫鱼与豆腐共煮，可治麻疹出齐尚有余热者，也可用于下乳；葱煎豆腐可用于水肿膨胀；豆腐萝卜汤可用于痰火吼喘；豆腐与红糖共煮可用于吐血等。

二、烹调技法

将整块豆腐放入冷水锅中煮至微沸，以去除豆腥、黄浆水，捞出后片成雀舌形。

（1）质感脆嫩。使用旺火使原料急速加热成熟。

（2）重视菜形美观。

原料下锅水温的 4 种情况如下：

①滚开沸水：水温为 100 ℃。

②沸而不腾的热水：水温在 90 ℃左右。

③微烫温水：水温为 50 ～ 60 ℃。

④温凉水：水温在 50 ℃以下。

根据原料的性质、质地掌握水的温度和原料投入的时间及加热的时间。

（3）讲究鲜醇爽口。一般使用清澈如水、滋味鲜香的清汤。也可用白汤，但浓度要稀一些，不上浆不勾芡。

（4）调味料为葱、姜、料酒、细盐、味精、鸡精等，不用带色的调味品。

素养提升

平桥豆腐的主料为寻常豆腐，厨师却能够凭借精湛的刀工和调味技术，将其制成美味。学习烹饪技术，应当脚踏实地，苦练刀工，弘扬精益求精、与时俱进、守正创新的工匠精神。

【任务实施工单】

<table>
<tr><td>任务描述</td><td colspan="4">平桥豆腐是以讲究刀工、火候著称的淮扬菜的代表作之一。
（1）熟悉平桥豆腐的制作程序。
（2）掌握平桥豆腐的味型特点。
（3）掌握平桥豆腐的成菜特点</td></tr>
<tr><td>用料</td><td colspan="4">豆腐（南）、海参（水浸）、虾米、鸡胸肉、蘑菇（鲜蘑）、干贝、香菜（切末）、大葱、姜、料酒、精盐、味精、淀粉（玉米）、香油、热鸡汤</td></tr>
<tr><td>制作过程</td><td colspan="4">（1）将整块豆腐放入冷水锅中煮至微沸，以除豆腥和黄浆水。豆腐捞出后片成雀舌形，放入热鸡汤中，反复浸两次。
（2）鸡胸肉、蘑菇、海参均切成豆腐片大小，虾米洗净，用温水泡透。干贝洗净，去除老筋，放入碗内。
（3）加葱、姜、料酒、水，上笼蒸透取出。炒锅置于火上烧热，放油，放入配料、高汤、干贝汁，烧沸。
（4）将豆腐片放入锅中，加精盐、料酒、味精，烧沸后用水淀粉勾芡，淋入香油盛入碗中，再撒上香菜末即成</td></tr>
<tr><td>成菜特点</td><td colspan="4">肉质细嫩，清香爽滑，口味鲜咸。豆腐鲜嫩油润，汤汁醇厚，油封汤面，入口滚烫</td></tr>
<tr><td>制作关键</td><td colspan="4">（1）芡汁不能太稠，豆腐下锅后不能用力搅动，否则豆腐会碎。
（2）煮制时掌握好火候和成熟度。
（3）掌握好制作时间</td></tr>
<tr><td rowspan="7">考核标准</td><td>序号</td><td>考核项目</td><td>标准分数</td><td>实际得分</td></tr>
<tr><td>1</td><td>成菜效果</td><td>60</td><td></td></tr>
<tr><td>2</td><td>刀工技术</td><td>10</td><td></td></tr>
<tr><td>3</td><td>调味技术</td><td>10</td><td></td></tr>
<tr><td>4</td><td>烹调火候</td><td>10</td><td></td></tr>
<tr><td>5</td><td>完成时间</td><td>10</td><td></td></tr>
<tr><td colspan="3">总分</td><td></td></tr>
<tr><td>学习总结</td><td colspan="4"></td></tr>
<tr><td>任务拓展</td><td colspan="4">根据平桥豆腐的制作方法，从配料、味型等方面进行创新，写下创新菜肴的用料、制作过程、成菜特点和制作关键，并拍下创新菜肴的图片</td></tr>
</table>

【作品赏析】

全国职业院校技能大赛淮扬风味热菜作品赏析（图 4-17）。

2023 年全国职业院校技能大赛
一等奖获奖作品——葵花酥肉
（江苏旅游职业学院制作）

2023 年全国职业院校技能大赛
一等奖获奖作品——素扣三丝
（江苏旅游职业学院制作）

图 4-17　淮扬风味热菜作品

想一想：请从菜品立意、原料选用、造型特点、烹调工艺等方面对图 4-17 所示的两道热菜进行赏析，并尝试模仿制作。

参考文献

［1］ 徐明．淮扬菜制作［M］．重庆：重庆大学出版社，2014.

［2］ 庄惠，沈晖．热菜制作［M］．重庆：重庆大学出版社，2020.

［3］ 闵二虎，穆波．中国名菜［M］．重庆：重庆大学出版社，2019.

［4］ 谢定源．中国名菜［M］．2 版．北京：中国轻工业出版社，2011.

［5］ 朱水根．中国名菜制作技艺［M］．上海：上海交通大学出版社，2013.

［6］ 李朝霞．中国名菜辞典［M］．太原：山西科学技术出版社，2008.

［7］ 李宏．中国南北名菜［M］．北京：大众文艺出版社，2010.

［8］ 孟爽．中国名料名菜荟萃［M］．北京：化学工业出版社，2007.

［9］ 嵇步峰．中国名菜［M］．北京：中国纺织出版社，2008.

［10］ 赵建民，金洪霞．中国鲁菜：孔府菜文化［M］．北京：中国轻工业出版社，2016.

［11］ 苏爱国，许磊，段辉煌．烹调工艺基础［M］．武汉：华中科技大学出版社，2021.